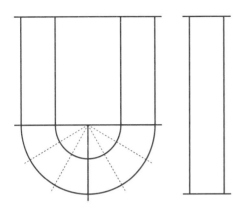

引爆流量的UI设计

[日]荣前田胜太郎 河西纪明 西田阳子 / 编著

晋清霞 / 译

中国青年出版社

图书在版编目(CIP)数据

引爆流量的UI设计 /（日）荣前田胜太郎,（日）河西纪明,（日）西田阳子编著；晋清霞译. — 北京：中国青年出版社，2022.3
ISBN 978-7-5153-6469-8

I. ①引… II. ①荣… ②河… ③西… ④晋… III. ①人机界面-程序设计 IV. ①TP311.1

中国版本图书馆CIP数据核字（2021）第134466号

版权登记号01-2020-6633
UI DESIGN MINNA DE KANGAE KAIZEN SURU
Copyright © 2019 Katsutaro Eimaeda, Noriaki Kawanishi, Yoko Nishida
Chinese translation rights in simplified characters arranged with
MdN Corporation through Japan UNI Agency, Inc., Tokyo

律师声明

北京默合律师事务所代表中国青年出版社郑重声明：本书由日本MdN出版社授权中国青年出版社独家出版发行。未经版权所有人和中国青年出版社书面许可，任何组织机构、个人不得以任何形式擅自复制、改编或传播本书全部或部分内容。凡有侵权行为，必须承担法律责任。中国青年出版社将配合版权执法机关大力打击盗印、盗版等任何形式的侵权行为。敬请广大读者协助举报，对经查实的侵权案件给予举报人重奖。

侵权举报电话

全国"扫黄打非"工作小组办公室　　中国青年出版社
010-65233456　65212870　　　　　010-59231565
http://www.shdf.gov.cn　　　　　　E-mail：editor@cypmedia.com

引爆流量的UI设计

编　　著：[日]荣前田胜太郎　[日]河西纪明
　　　　　[日]西田阳子
译　　者：晋清霞

出版发行：中国青年出版社	印　　刷：北京瑞禾彩色印刷有限公司
地　　址：北京市东城区东四十二条21号	开　　本：787 x 1092　1/16
电　　话：(010)59231565	印　　张：10.5
传　　真：(010)59231381	字　　数：189千
网　　址：www.cyp.com.cn	版　　次：2022年3月北京第1版
企　　划：北京中青雄狮数码传媒科技有限公司	印　　次：2022年3月第1次印刷
	书　　号：978-7-5153-6469-8
艺术出版主理人：张军	定　　价：89.90元
责任编辑：龚蕾	
策划编辑：曾晟	本书如有印装质量等问题，请与本社联系
书籍设计：乌兰	电话：(010)59231565
	读者来信：reader@cypmedia.com
	投稿邮箱：author@cypmedia.com
	如有其他问题请访问我们的网站：http://www.cypmedia.com

前言

本书介绍了在实际的设计领域,例如网页服务中,如何思考并实践"团队合作的UI(用户界面)设计"。

UI优化不仅仅是改变"外观"。目的是帮助用户实现在使用网站、网页服务和应用程序时的目标,并最终为用户提供满意度较高的服务和应用程序。

较高的用户满意度意味着需要为用户带来"价值",但仅凭UI优化是无法实现的,还需要精心设计的UX(用户体验),并以其为基础进行UI优化。

在网页服务开发中,业界已经意识到UX设计的强大功能并将其付诸实践,但是在用户需求多样化、复杂且快速变化的时代,若仅在优化和提高上消耗时间,市场与用户便会失去兴趣而离开。

因此,可以快速分析用户心声和隐藏于数据中的潜在需求,打造可以提供原型和价值的最简化可实行产品(MVP),吸引用户并不断优化,以求加快开发流程。

同样在UI设计中,一直以来仅凭设计师创作出设计方案的做法,难以满足上述要求,因此有必要进行"团队合作UI设计"。

希望读者在阅读本书时,不仅可以获取知识,还要在实践中进行尝试和体验。本书的内容并不是唯一的标准答案,根据实践机会以及项目的不同,会有各种各样的解决方案。希望这本书有助于实现更多的"团队合作UI设计"。

荣前田胜太郎、河西纪明、西田阳子
2019年2月

本书构成

本书主要从UI不仅仅是设计师的工作而是"团队创作"这一视角,讲解网页服务的UI开发的思考方法和加工流程。

本书的构成如下。

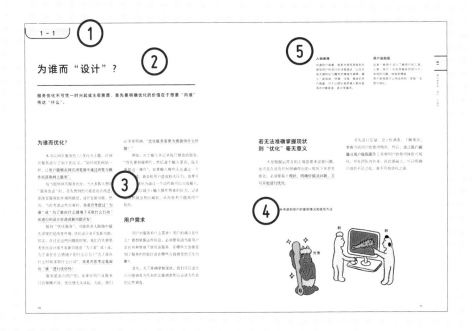

① 章节编号　每个章节的编号。

② 标题　　　讲解的主题。

③ 正文　　　关于主题的详细讲解。

④ 图　　　　与正文相对应的图(概念图、插图、网站介绍等)。

⑤ 术语说明　解释正文中出现的专业术语。

※本书中列出的URL、网站名称等均为截至2019年2月的最新信息。后续如有变更,可能会出现与实际不符的情况。敬请谅解。

01 网页服务的"优化"与运用   1

1-1	为谁而"设计"？	2
1-2	无法通过设计改善的网页服务	4
1-3	考虑措施前先考虑用户	6
1-4	寻找需要解决问题的方法	8
1-5	重新思考优化流程	10
1-6	优化服务需要的机制	14
1-7	"设计"不仅仅依靠设计师	16
1-8	使设计流程"可见"	18
1-9	更加快速的UI设计流程	20
1-10	"活用"设计	22
1-11	导入信息共享工具和规则	24

02

UI设计师要设计什么？如何设计？   27

- 2-1 什么是网页服务"设计"   28
- 2-2 服务开发设计师的工作和技巧   30
- 2-3 UI设计需要做什么   32
- 2-4 整理信息并阐释UI要点   34
- 2-5 创建模型，强化沟通   36
- 2-6 通过样式指南调整设计品质和制作环境   38
- 2-7 UI设计师团队的交流和职责   40

03

从"商业视角"提升服务   43

- 3-1 定量数据、定性数据表达的是什么   44
- 3-2 基于数据的设计优化   46
- 3-3 了解本公司的商业理念   48
- 3-4 创意和逻辑并存   50
- 3-5 原型设计改变认知和理解   52
- 3-6 原型的类型   56
- 3-7 统一团队意识   60

04

通过"用户调查"优化服务　　65

4-1	开始用户调查吧	66
4-2	如何在项目中开展用户调查	68
4-3	从用户视角出发的"用户采访"	70
4-4	计划用户采访	72
4-5	用户访谈当日的准备	74
4-6	用户访谈的提问方法	76
4-7	用户访谈的记录方法	78
4-8	团队内回顾用户的访谈结果	80
4-9	评价"易用性"的用户测试	82
4-10	如何准备用户测试	84
4-11	实际开展用户测试	86
4-12	分析用户测试结果	88
4-13	以路人为对象进行拦截访谈	90
4-14	"影子跟随"用户了解周围环境	92
4-15	与用户实际接触的见面会	94
4-16	实施专家评审的好处	96

05 让"设计系统"成长 99

- 5-1 什么是设计系统 100
- 5-2 设计系统是交流的通用语言 104
- 5-3 设计系统解决的问题 108
- 5-4 查看用户界面系统化案例 112
- 5-5 制造"机会"构建设计系统 118

06 团队协作完成设计工作 123

- 6-1 为何要团队协作完成设计工作 124
- 6-2 尝试接触UX设计 130
- 6-3 战术原型设计的实践方法 136
- 6-4 体验性原型设计的实践方法 142
- 6-5 尝试设计用户测试 148

索引 155
参考文献 158
作者简介 159

01

网页服务的"优化"与运用

在优化网页服务的 UI 设计中，要杜绝
创作者在某种程度上一时兴起的想法：
为了满足自我需求或根据自我喜好而进行 UI 创作。
时刻牢记"为谁优化"和"为何优化"。

1-1

为谁而"设计"？

服务优化不可凭一时兴起或主观意愿，首先要明确优化的价值是想要向"谁"传达"什么"信息。

为谁而优化？

本书以网页服务的 UI 优化为主题，对网页服务进行如下定义，"让用户能够在网页中通过浏览与操作而获取网上服务"。

每当提到网页服务优化，大多数人想到"服务改进"可能是设计上的改进，即改变服务的外观和感觉，或开发新功能。然而，当你考虑这些方案时，你是否考虑过"为谁"或"为了谁在什么情境下采取什么行动"而进行设计改进或新功能开发？

提到"优化服务"，可能很多人脑海中最先浮现的是改变外观、优化设计或开发新功能。其实，在讨论这些问题的时候，我们首先要思考优化设计或开发新功能是"为了谁"（为了谁在什么情境下的什么行为）或"为了谁在什么时候采取什么行动"。你是否思考过面向"谁"进行优化？

服务面向用户，如果对用户及服务目的模糊不清，优化便无从谈起。为此，我们必须要明确，"优化服务为谁提供什么价值？"

例如，对于输入并记录每日膳食的服务。"首先要拍摄照片，然后逐个输入菜名，每天重复这一操作"，如果输入操作无法通过一个动作完成，就会给用户造成较大压力。如果将 UI 优化为通过一个动作就可以完成输入，那么就可以减少输入操作带来的压力，记录的负担就会相应减轻，从而有利于提高用户黏性。

用户需求

用户对服务有什么需求？用户的痛点是什么？要想掌握这些信息，必须要知道当前用户是在何种情境下使用该服务、在哪些方面感受到了服务的价值以及在哪些方面感受到了压力图 1-1。

首先，为了准确了解现状，我们进行以问卷调查为代表的定量调查和以访谈为代表的定性调查。

用户画像

所谓用户画像，就是对使用某服务的典型用户进行的详细描述，以及对其关键特征与属性的精练性阐释。建立一幅具体、明确、详细、精准的用户画像，让团队能明确大家所服务的对象是谁，是非常重要的。

用户旅程图

这是一种用于深入了解用户情况的工具。用户旅程图可以将人物（用户）在利用服务时的行为、发现的问题、体验的情绪等情况全部可视化。

若无法准确掌握现状则"优化"毫无意义

不是根据运营方的主观意愿设置问题，也不在无明确理由的情况下思考优化，必须要基于现状，明确价值及问题，方可进行优化。

首先进行定量、定性调查，了解现状，掌握当前用户的使用情况。然后通过**用户画像**或**用户旅程图**等工具将用户的使用体验可视化，并在团队内共享。在此基础上，可以明确目前的不足之处，开始着手优化。

图 1-1 设计人员未考虑到用户的使用情况和使用方法

1-2

无法通过设计改善的网页服务

如何确定哪些问题可以通过设计解决、哪些问题无法通过设计解决，有助于推进和优化设计流程。

设计能够解决及无法解决的问题

在设计领域，有很多机会可以谈服务改进，比如用户实际接触到的 UI（用户界面）和用户使用服务的体验（**用户体验**），但并不是所有服务优化中的问题都可以靠设计改善。有些问题<u>无法通过设计解决，比如商业层面或技术层面的内容。</u>

例如，以 EC 网站为例，商品预览窗口或按键等 UI 操作感可以通过设计进行优化，但是商品推荐页或安全保证只能通过技术解决。另外，物流及销售渠道等必须要在商业层面进行优化。

要认识到服务是由设计、技术、商业 3 个领域构成的 **图 1-2**，同时了解那些通过设计不能优化的部分，这样就可以准确判断一些问题是否可以通过设计来解决。

图 1-2 构成服务的 3 个领域

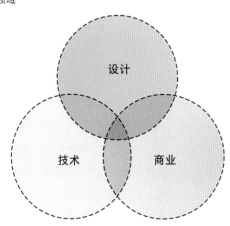

用户体验

将用户使用商品或服务的体验全部显示出来,简称 UX。不仅限于易用性和可用性等要素,在了解目标产品和服务的阶段,用户体验就已经开始了。

设计流程

指完成设计的方法和过程。包括制定战略、计划、实施调查,以及创建模型并不断进行测试、改善的流程。

设计流程的重要性

众所周知,若没有**"设计流程"**,在项目的初期阶段,设计师会陷入摸索如何推进设计的困境。如果缺少流程,设计是难以完成的。

例如,在有明确设计要求的情况下,按照"视觉化—改进—实施"这一流程进行即可,但是在没有固定设计要求时,就需要按照"理解—观察—视觉化—改进—实施"这一流程来完成 图 1-3。

设计流程的确很重要,并且没有适用于所有项目的一般流程。每个项目有其对应的设计流程,找到或创建对应的流程与设计优化紧密相关。

在项目中共享创建的设计流程,还可以减轻设计师以及项目成员的负担。

图 1-3 没有明确设计要求的设计流程

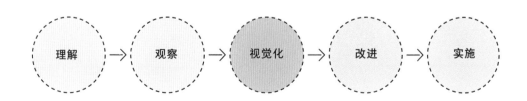

1-3

考虑措施前先考虑用户

在考虑措施时先考虑用户，那么要考虑用户的哪些方面呢？让我们一起来看看。

不要先制定措施

改进措施的考虑和实施都有一定的目的，但这个目的应该是为了使用服务的"某人"的利益。

措施的实施是为了验证假说，假说是基于用户使用服务的体验。也就是说，应先进行假设，而不是制定措施 图 1-4。

为了提出假设，首先要将优化的目的和目标具体化。服务不同，要明确的目标也不同，常见的需要考虑的目标如下：
- 让更多人访问网站，提高网站知名度；
- 增加用户对网站资料的需求；
- 增加电子商务网站的销售额。

将目的、目标量化，并设置完成的时限，然后思考如何完成这个目标。

为什么要考虑用户？

我想大家经常会听到"用户视角""用户第一"这样的话，为什么必须这样呢？因为服务的价值要传达给用户，所以必须要理解用户。

理解用户，指了解用户并与用户产生共鸣。这不仅仅要知道用户做了什么以及他们如何使用服务，还要知道他们行动的原因，他们如何使用服务以及他们的真实想法（潜意识）。

了解用户潜意识、理解情境

大多数的用户并不知道自己"追求的是什么""实际需要的是什么"，而且不能明确地认识这些问题并选取信息。决定行为的过程相当复杂，人的大部分行为都是在无意识的情况下完成的。这里需要注意的是用户的"潜意识"。所谓潜意识，指的是潜在于人内心深处的行为和态度，有时是连本人都没有意识到的内心的真实想法 图 1-5。

潜意识

在人的行为和态度的深处，有时潜藏着连本人都没有意识到的一种潜意识，即无意识的心理。

情境

影响用户为了达成目的而进行操作的各种事物。也就是界面的背景信息和状况。

与潜意识一样，另一个用于理解用户十分重要的因素是"情境"，它影响着用户为达成目的而做出的行动。例如以下这些情况。

- 时间（早上、中午、傍晚、夜晚，时间段和星期几）
- 场所（室内、室外，私人空间、公司）
- 天气（晴天、雨天、温暖、寒冷）
- 利用环境（电脑、手机，浏览器、应用程序）
- 前后的行为（在何种场景中使用）
- 当时的心理状态（心情、想法）

潜意识、情境二者都不是一成不变的，因此不仅在设计、构建时需要注意，运用实施时也需要保持关注。

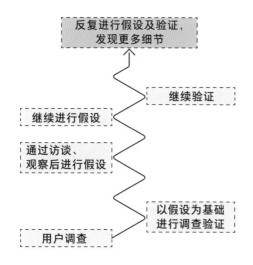

图 1-4 为验证假设而实施策略

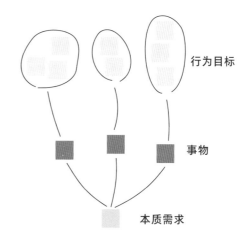

图 1-5 理解用户的潜意识、使用情境

1-4

寻找需要解决问题的方法

在推进优化进程中，有必要找到通过实施能预见效果的问题，且找到能够有效解决问题的方法。

寻找问题，进行假设

现实和理想状态之间的鸿沟即是"问题"所在，要达成目标，这个问题必须要解决 图1-6。为了解决问题而采取的这一系列具体动作就是"任务"。

换言之，问题即是原因，也可以说着手解决问题是为了分析原因。

找问题也就意味着找到了用户的期望与现状之间的鸿沟。用户的期望是什么？现实状况如何？要从了解这两个问题着手。只有这样，才能清楚地认识到需要跨越的鸿沟。

即使为了找到鸿沟而直接询问用户其期望和现状，也可能遇到用户无法理解问题的情况，或者也可能用户无法给出比较好的答案。

询问用户前，需要收集与现状相关的信息并进行整理。基于这些信息对用户的期望进行**假设**，为验证假设向用户提问，这样的方法或许会更加容易。

图1-6 理想状态与现状的鸿沟

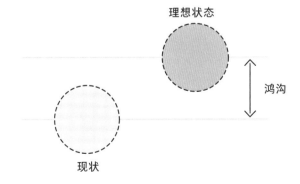

假设

从收集到的信息和知识中得出,虽然无法完全确定其真实性,却是截至目前最有说服力的关于"未知事物的假设性回答"。

为要着手解决的问题安排顺序

需要解决的问题可能会很多,所以需要在众多问题中理清先后顺序。此时可以根据事件的"紧急度"和"重要度"划分,采用矩阵图方法整理。但有时仅凭这两点并不能顺利地决定优先顺序。原因在于"紧急度较高的事件看起来会比较重要",让人产生一种相较于通常情况更重要的错觉。

这里推荐通过"实现可能性"和"有效性"两个轴向来进行判断 图1-7。"实现可能性"和"有效性"表示横坐标和纵坐标的情况:

- 实现可能性:能否实施;
- 有效性:解决问题的效果。

利用这两个轴向对问题进行分类,首先需要着手处理的是"实现可能性高"和"有效性高"的问题,而"实现可能性低"和"有效性低"的问题,也许就没有开始处理的必要。

图1-7 "实现可能性"和"有效性"的矩阵图

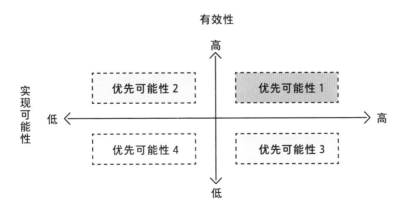

1-5

重新思考优化流程

提到优化,很多人脑海中也许会浮现出PDCA循环(计划、执行、检查、优化),但是这并不一定适用于所有的情况。接下来将会针对问题分别进行说明。

PDCA循环的问题

提到优化,很多人都会想到"PDCA循环",并非常重视这个循环 图1-8。如何使循环高速运转是使用PDCA循环的重点。在PDCA循环中,会根据过去的行动反馈来制定计划,实施后,在评价阶段从现场得到反馈,再根据反馈采取行动。也就是说,如果在计划阶段不结合现场情况,那么可能会出现必须更换计划的风险,这不仅会付出额外的人力,还需要花费大量的时间。

PDCA循环总是以计划为基础,忽视了对现场内外部环境的判断过程,所以PDCA循环中存在着一些致命风险,可能会让问题变得更严重。

图1-8 PDCA循环

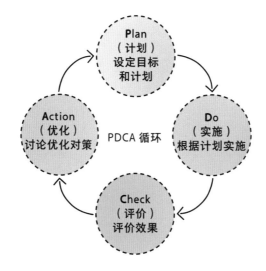

PDCA 循环

将 Plan（计划）、Do（实施）、Check（评价）、Action（优化）四个步骤作为一个流程并不断循环，持续优化的一种方法。

什么是 OODA 循环

PDCA 从"我方的计划"开始循环，与之相对，OODA 循环是从"观察对方"开始的。

OODA 循环由"观察（Observe）""构建假设（Orient）""制定计划（Decide）""实施（Act）"四个步骤构成。简单来说就是"观察""了解""决定""行动"图1-9。

Observe（观察＝看）

首先是观察对方。仔细观察，了解对方的情况十分重要。决定计划者需要观察除自己以外的外部情况，收集信息。

Orient（判断情况、决定方向＝了解）

集中精力了解"现在是什么情况"。对收集数据所表示的含义进行分析理解，判断情况。

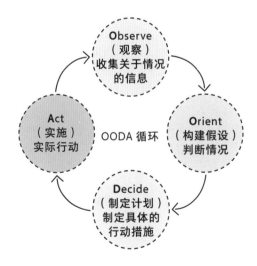

图 1-9 OODA 循环

1-5 重新思考优化流程

Decide（制定计划＝决定）

决定对现状实施怎样的计划。

Act（实施＝行动）

执行"决定计划"阶段所制定的计划。之后回到 Observe（观察）阶段，从头开始再次执行 OODA 循环。

OODA 的特点是执行完毕一次不会停止循环。在对其进行调整的同时，能够迅速开始下一次循环。

区分使用 PDCA 循环和 OODA 循环

PDCA 循环本来就是为了解决某个问题而形成的框架。换句话说，PDCA 循环最适合对工厂的生产速度和效率等问题进行改进，也就是"如何以较低的成本按照预定的流程进行，并达到较高的生产效率"图 1-10。因此 PDCA 在业务优化方面是最适合的框架，但若用于无明确规划的工程，其效果并不是很明显。

图 1-10 PDCA 循环

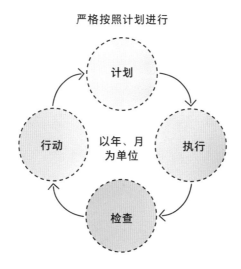

相对地，OODA 循环如上所述，是围绕决定计划循环的框架。

在变化万千的事态中，依据现实状况做出最优判断并立即行动 图1-11。因此，它并非像 PDCA 是处理优化问题的循环，对于"开发新服务""提高服务质量"这样没有明确目标的工程，效果会更好。

框架

框架是指可以共同使用的思考、决策、分析、解决问题和战略规划的框架和方法。

通过使用框架，可以在自己和他人之间建立共同的理解和共同的语言。

PDCA 循环对于业务优化 How（如何去做）效果较好，OODA 循环对于业务开发 What（做什么）效果较好。

图 1-11 OODA 循环

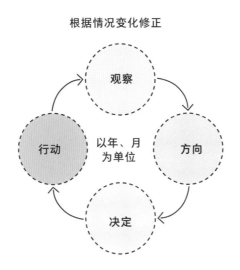

1-6

优化服务需要的机制

让我们来看一下，不断优化服务需要什么样的机制呢？

优化服务的方法和问题

普通的优化服务一般会使用以下方法 图1-12：
- 根据访问日志设置问题的**定量数据**；
- 根据问卷调查以及用户的反馈来思考问题；
- 制定策略表，从各种观点中决定实施计划的顺序。

坚持利用这个方法来实施优化服务，会出现以下情况：
- 很难提出优化策略，实施的策略也越来越少；
- 很难想出具有巨大冲击力的优化策略。

关于这些问题，定量数据再加上访谈结果等**定性数据**，陷入了基于用户体验来实施策略的困境，这种情况非常常见。

组建小组

以上所述的提高服务价值的优化方式，其重点在于人数越少，行动越快。

图 1-12 服务优化方法的图像

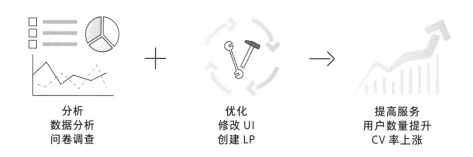

分析
数据分析
问卷调查

优化
修改 UI
创建 LP

提高服务
用户数量提升
CV 率上涨

定量数据

可以具体掌握的数据，如访问日志等。它是由一些确定的数值或数量来表示，如人数、比例、趋势值等。

定性数据

不能用数字来表示的一种数据。例如"对于哪个服务满意""UI 使用起来是否方便"等一些关于质量的数据。

如果决策的人数超过了最低有效人数，那么沟通成本就会很高。此外，计划在一定程度上存在失败的可能性，如果加快实施"策略—验证"过程，最终的整体服务价值就会因此而提高。

具体多少人数才是最合理的呢？根据对象以及服务、体制的不同，需要的人数也不相同。多组建几个由少数人构成的小组，让他们同时参与到优化措施中，把握好节奏，就能不断向前推进。

组内的每个人都参与设计

也许这一点并没有被重视，<u>除设计师外，其他人也在执行与设计相关的重要任务，也与给用户带来影响的设计息息相关</u>。

工程师需要调整性能，运营负责人需要制作面向用户的文案，给他们带来不一样的用户体验，这些工作和设计同等重要 图1-13。

仅仅拥有设计师的专业技能是不够的，你还需要了解你的决策是如何影响用户体验的。因此，设计师和工程师可以通过相互配合、相互支持来提高设计的质量。

图 1 - 13 团队设计

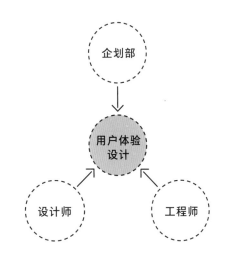

1 - 7

"设计"不仅仅依靠设计师

当团队的每个人都参与到设计中,我们需要重新认识"设计"到底是什么,以及应该如何参与其中。

设计不仅仅解决用户的问题

有人说设计是"解决用户的问题",但是,还有一些不便和不满等无法用言语描述的问题无法解决。

例如,为了发现用户的隐藏需求而进行的**用户访谈**、原型设计等用户测试中,我们往往会关注表面的不满和问题,因为用户自己在满足一些需求(即实现目标)时,最清楚自己想要减少的"负担"是什么,而且也更容易表达和谈论,因此表面的不满和问题很容易被过度关注。

由于追求"愉悦感"的这种能动性行为受到每个人"价值观"的影响,因此在用户使用服务时,可以通过"价值观"来推断出用户的使用"愉悦感"。

重要的不是先去解决问题,而是**探寻人的"价值观"** 图1-14。

但是,知道用户将什么视为问题,这也是探索价值观的要点。

一个人无法解决问题

优化服务时,大多数情况下需要面对的问题不止一个。仅有实用性方面的问题,或只有技术层面的问题,或只有UI设计方面的问题,这样的情况少之又少。大多数情况下,无论是什么样的问题,都会跨越多个领域,而问题大多都来自团队内或组织内部。

根本问题在于各个领域的负责人之间缺乏合作,没有利用彼此的专业知识,无法提出对用户有价值的解决方案。

将"团队"设计牢记于心

团队设计中关键的一步是一起倾听用户的心声,一起参与其中。

无论何种设计流程,如果没有对计划达成共同的理解,则极有可能导致产品质量下降。最终交付的可能是没有任何亮点的体验设计,开发的规模也成了风险。

在任何设计过程中,如果团队对所设计的体验没有共同的理解,就会降低产品的质量。

用户访谈

用户调查、定性调查的一种方法。以发现问题和挖掘客户需求为目的与用户见面，倾听用户的谈话，与用户产生共鸣，挖掘出一些具体的信息。

团队建设

为达成目标，各个组员会自主创建"团队"。此外，团队创建方法以及组织方法也包含在团队建设中。

其结果是产品没有考虑到体验的设计，而开发过程中的规模也成为风险。

为避免出现这些问题，设计师与工程师要在初期参与进去，这样在制作时就会产生共鸣。在第一个团队建设环节中，团队成员聚在一起，就"这个项目的挑战是什么？"进行交流。并非只有用户体验设计师需要考虑这个问题。

团队建设初期，集合所有成员，抛出"这个项目的主题是什么？"的问题，在团队内共享，大家一起思考。不要让 UI 设计师一个人思考人物和设计概念，<u>团队内成员要一起思考、定义</u>，这一点很重要 图 1-15。

大家一起思考，能够了解到每个人的想法，让各种想法相互碰撞、相互融合。

图 1-15 设计项目由团队共同负责，大家一起进行设计

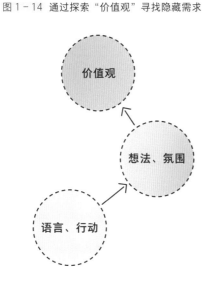

图 1-14 通过探索"价值观"寻找隐藏需求

使设计流程"可见"

设计流程很少被公开，实际上，让设计流程在团队中可见，能够指引服务向正确的方向发展。

将设计流程放出小黑屋

在看到最终设计结果之前，设计流程很少被公开，人们看到的往往只是产出的结果。而设计流程很容易被关在设计师想法的黑屋中。

将这个思考过程语言化，清晰明了地在团队内共享，能够让组员发现设计与自身的商业关联性，可能会成为孕育出新创意的敲门砖图1-16。具体可能会得到如下几种效果：

- 从客观的视角进行分析、整理；
- 对于主题不明确的情况十分有效；
- 不挑环境，适用于任何类型的企业、岗位、参与者；
- 构建一体化效果，方向性更加明确。

设计流程可视化可以改变设计

使思考及语言可视化，让组员能够看到并理解、讨论。

可视化能够减少认知的偏差，在组员之间形成共同认知，使设计的方向性更加明确。构建团队的一体感，能够为项目的开发打下坚实的基础。

图1-16 设计流程的可视化

双钻石

找到正确的问题,然后找到正确的解决方案,就像画两颗钻石一样:一颗用来发现和筛选问题,另一颗用来发现和筛选要采取的方案。该观点于 2005 年由英国设计委员会发表。

设计流程的阶段

首先要有目标和主题,思考如何完成目标、解决问题,这个创作过程就是设计。通过这个过程创建出的设计信息与服务的价值息息相关。

用户选择一个服务并不仅仅是因为其外观。用户会选择能够让自己的工作变得轻松、能够得到新的体验、能让自己感受到价值的服务。

达成目的,需要准确地找出要解决的问题,采取解决问题的正确方法。无论解决方法多么完美,若没有准确设定问题就无法真正解决问题。

例如,引入"双钻石"构架,在第一个流程中找出有针对性的问题,在第二个流程中就能采取合适的解决方法 图1-17。

图 1-17 双钻石

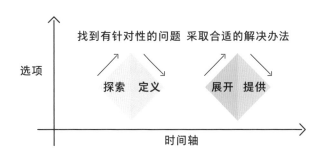

更加快速的 UI 设计流程

提高服务开发的速度很重要,为了实现这一点,有必要共享图像。

实现快速的 UI 设计流程

速度是服务开发的重要因素之一。大多数的开发流程都需要修正和更改设计,这是提供优质服务不可或缺的,但同时也是导致开发速度变慢的原因之一。盲目进行设计的更改,无法完成最初制定的计划,会导致发布内容质量低下,或者导致发布延迟。

特别是在开发后期更改设计,浪费的时间成本、人力成本和经济成本会非常巨大,不仅会导致计划大幅度推迟,还可能打击设计师的积极性。

仅凭开发初期的粗略影像很难想象出最终成果,由于想法上的差距,有时在开发后期才意识到差距,而需要更改设计 图 1-18。

共享图像和原型设计

由于项目与很多人有关,每个人对想象的事物持不同看法或存在偏差,组员在脑海中浮现的影像与设计师制作的影像会存在一定的差距。

图 1-18 UI 设计流程

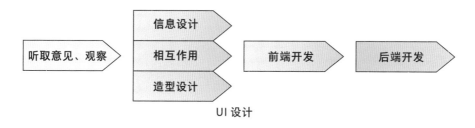

偏差

在评价某个对象时，人们会根据自身的利害与期望来做出评价，因此无法得到客观的评价，这称为"认知偏差"。

原型设计工具

指一种工具，它可以让你在没有编程的情况下创建原型，以检查画面切换效果和动作效果，并了解问题。主要工具有 Adobe XD、Figma、Prott、InVision 等。

为了避免这样的结果，事先与项目相关成员共享成果图非常重要。

因此需要导入有效的原型设计流程 图1-19。以下是导入原型设计流程后的效果：

- 可视化速度提高；
- 影像共享变得更加简单；
- 决断更加容易。

随着工具的高功能化，使用**原型设计工具**的负荷在不断减轻。因此，可视化速度在不断提高，团队能够在短时间内完成确认、检查环节。

另外，由于工具性能提升，图像分享更加容易，能够看到实际的动态原型，这也有利于做出可信度较高的决断。

原型设计的注意事项

在导入原型设计流程时需要注意，<u>不能将原型视为最终完成品</u>。

在他人检查原型时，要明确传达"对哪个部分进行检查"。由于原型并不是最终完成品，如果未告知检查部位，相互之间并不知道要检查哪里，有可能导致检查完成后还需要做出更改。

图 1-19 导入原型设计后流程的变化

导入原型设计工具前的流程

导入原型设计工具后的流程

1-10

"活用"设计

与内容一样,设计也需要活用。下面来看看设计活用到底是什么。

活用设计的必要性

人会信任熟悉的事物。明白这一点的设计师,会尽可能地将作品设计得更加大众化。并且,大众化的作品同时也更加"实用"。例如,你为一项服务设计了一个通用的导航元素,你可以在所有的页面上使用它。

但是,**设计概念**会不断地改变。一个有新想法的设计师可能会接手一个旧的项目,或者一个新的编码方法可能会取代去年的尖端技术。最终的产物可能是缺乏一贯性的视觉效果和源代码聚集的程序,这些归根到底还是设计活用方面出现了问题。

因此,为了保持设计的一贯性和一致性,需要"活用"设计 图1-20。

汇集面向设计的视线

维持一贯性最好的方法就是记录至今为止的外观和功能变化的过程及理由,并加以活用。对于此,**设计系统**(或设计指导流程)将会发挥其作用 图1-21。

图1-20 融合各种要素来进行设计

设计概念

引导设计主题并贯通设计流程的基本概念。能够定义设计的方向，也是设计回归的轴心。

设计系统

一种结构化的设计思维方式，包括设计标准、文档和 UI 模式，以及为实现这些标准而采用的组件等，是组织或团队的共同设计语言。

设计系统提供了指导方针，使团队中每个人的想法都能与项目的理想基调和外观保持一致。优秀的文档中会记载使用案例以及最合适的使用方法，包含程序代码片段、Photoshop 及 Sketch 等设计文件，并给出真实的视觉案例。

构建设计系统的意义

"为什么要构建设计系统？"对于这个疑问，一般的回答都是"为了维持各种各样的产品以及团队之间的一贯性"。但是，更好的回答应该是经常被用于设计的系统，能够"减轻认知负担，提高整体的开发速度"。

设计系统不仅是风格指南或样式库，也是产品研发的蓝图，是设计原则、视觉效果、样式等所有内容的组合。所有代码的参考都包含在各个设计之中，因此，在开发的同时，可以对设计进行适当地扩展。

图 1-21 设计系统架构

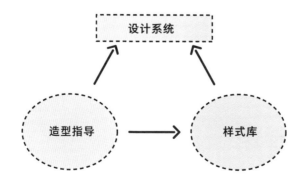

1-11

导入信息共享工具和规则

通过导入功能性工具并进行活用，可以加快项目的可视化和信息共享。

流程可视化与信息共享的重要性

"团队生产性怎么都得不到提高""由于成员之间无法顺利传达信息而影响了项目进展""设计图像共享失败"等，随着项目的推进，问题也在不断地产生。而大部分问题其实都是沟通效果差导致的。

优化沟通的方法有很多，结合项目的目标，导入信息工具就是一个有效的方法。

例如，使用 Slack 作为团队的**交流工具**，使团队内的沟通可视化、使用 Trello 或 Dropbox Paper 来实现项目进度和文字的共享。此外，可以使用 Adobe XD 或 Figma 这样的原型设计工具来实现图像以及反馈信息的共享 图 1-22。

图 1-22 项目的可视化及信息共享

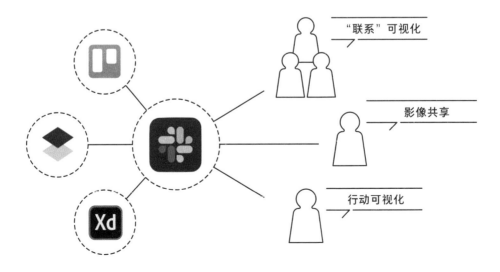

交流工具

传达想法或信息时使用的工具。还包括商业聊天或 SNS、项目、任务管理工具。一般以活跃团队沟通以及降低成本为目的而导入。

信息共享直接关系到团队内的信赖关系

在团队中，如果成员感觉"自己没有获得工作所需的公开、共享信息"，就会<u>产生不必要的沟通成本</u>，或在成员之间产生隔阂，导致工作积极性降低。为了防止出现这种情况，必须要做好信息共享工作。适当地传达信息，可以令工作变得更加顺利，也能够促进成员之间构建信赖关系 图 1-23。

时常保持信息共享，能够减少"没有传达""没有听到"这样的情况。毋庸置疑，团队具备较好的信赖关系才能更好地完成工作任务。所谓信息共享，是将积累的信息进行共享并活用。

图 1-23 层级信息共享和平行信息共享

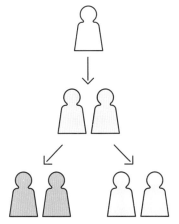

信息共享花费时间长，
且可能会发生发信人想法未
被正确传达的情况

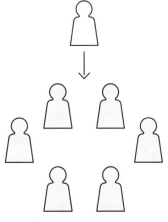

信息共享花费时间短，
发信人的想法直接被传达

1-11 导入信息共享工具和规则

通过信息的整理、共享、活用，能够促进生产积极性不断提升。

适当的信息共享具有促进任务完成、沟通顺利进行以及消除个人孤独感等多个优点。共享的信息不能被雪藏，要好好地活用到日常工作中。

工具和规则一同导入

无论多么完美的工具，仅限于导入这一步的话，并不能充分发挥功能。需要一同导入工具的使用规则，了解如何对其加以利用、如何使用才能得心应手。例如，在导入、运用基础工具时将其作为一个示例运用到后续的工作中。

明确规定导入的目的

在导入新工具时需要明确导入的目的，到底是为了减少会议次数还是防止共享信息泄露，像这样明确导入目的后，就能够清楚地认识到哪些是可以做到的、哪些是无法做到的，从而进一步优化计划，使其更加完善。

避免同时使用多种工具

例如，如果你为每个功能都引入一个工具，那么基本上就应该避免为同一功能使用多个同类工具，比如不要将邮件工具和聊天工具一起使用。

制定工具的基本使用规则

如果不事先规定工具使用的用途、使用的方法，不仅会让使用者混乱，还有可能造成无法挽回的损失。为避免造成严重的后果，建议设置最初级的使用规则。

02

UI 设计师要设计什么？
如何设计？

工程师、产品经理，有时甚至包括市场经理、运营负责人，全员一起参与到了 UI 设计中，那么设计师应该做哪些工作呢？

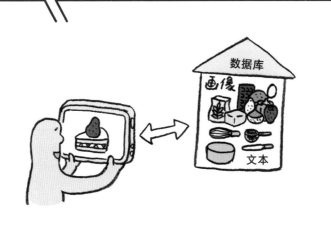

2-1

什么是网页服务"设计"

由于服务、组织、个人价值观的不同,对设计的定义也多种多样。让我们通过对设计应用方向进行提问,来重新审视产品以及团队所要面对的问题吧。

设计 = 提高分辨率

本章中基于网页服务的使用、设计优化,对"设计"进行了如下定义。

设计是在信息及需求处于混乱状态时,设定合适的任务,思考、产生直观的解决方案的行为。

在生产的过程中会遇到各种各样的困难。当处于混乱状态时,设计能够让信息以及想法变为可视,促进问题的解决。设计行为是一个抽象的过程。用抽象和同理心的设计行为,可以给复杂和不确定的信息一个轮廓,提高服务想要达到的价值分辨率。

网络服务开发中的设计不仅限于图像制作,还包括通过与利益相关者的对话和研究,探索用户潜意识,并将其通过设计语言体现出来,供团队研究。

作为网页服务优化中的一种表现手法,UI设计能够让信息以合适的形式展现出来 图2-1。

图2-1 发现问题,促进问题可视化解决

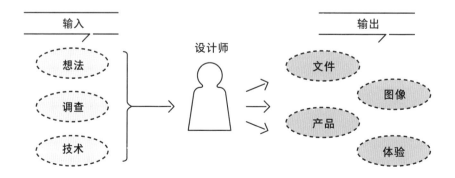

专业知识

特定的行业、专业、领域的知识。

便利化

为保证产品或会议等集团活动能够顺利有效地进行,提高参加者的积极性及协作性。

UI = 人与计算机的连接线

我们通过智能手机或计算机界面获取网络信息,UI 则是用户和系统之间的信息连接线。

网页服务的 UI 设计,需要了解商业模式、**专业知识**以及系统要素,并根据实际情况选择合适的模式 图 2-2。

创意可视化

为了让用户有更好的体验,UI 设计需要提供简单易懂的信息设计,以便给用户带来积极健康的服务,这一点是非常重要的。它承担着整理信息并将这些信息体现在产品中的重要任务。

基于服务开发的 UI 设计师,为了让他人能够更好地理解所提供服务的价值以及解决问题的思路,需要使用原型设计工具将自己的想法具体化,直观地为团队带来更多**便利化**效果。

图 2-2 UI 是用户与系统的连接线

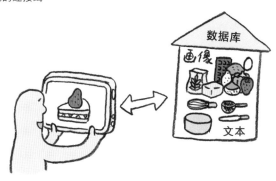

用一种易于理解的形式将系统展现出来
(对用户来说更容易接受的外观)

2-2

服务开发设计师的工作和技巧

业务类型不同，网页服务设计的内容也不一样。下面介绍设计师的各种工作内容以及相应的设计技巧。

UI 设计师工作内容

基于服务开发的 UI 设计师需要仔细检查功能配件，完成界面风格的设计以及视觉设计工作。

UI 设计师首先需要分析产品的使用情况和问题，然后再进行 UI 设计。在设计时，要考虑到商业优先顺序、内容、外观、实用性、技术实现性等各种因素。

例如，特别准备不同种类 UI 排版设计，通过团队内讨论和用户测试等方法来进行功能优化。

图 2-3 服务开发流程和设计师工作内容（颜色较深的板块 = 容易施展专业知识及技巧的领域）

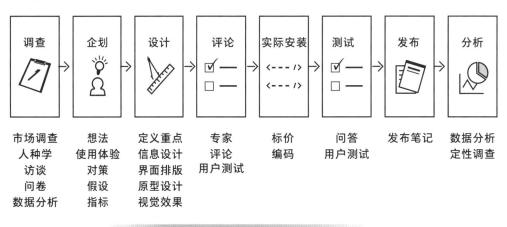

用户测试

目标用户使用网页服务和软件后，通过对用户行动及语言的观察，了解用户心理，发现服务及应用程序的相关问题。

头衔与设计技巧

设计开发时需要用到各种各样的设计技巧，其界限极其模糊 图 2-3、图 2-4。

"身为 UI 设计师必须要做这个也必须要做那个"，与其像这样把自己逼入绝境，不如与团队成员共享自己擅长的技巧或者兴趣爱好，彼此之间相互扶持，共同优化服务。

图 2-4 技能图

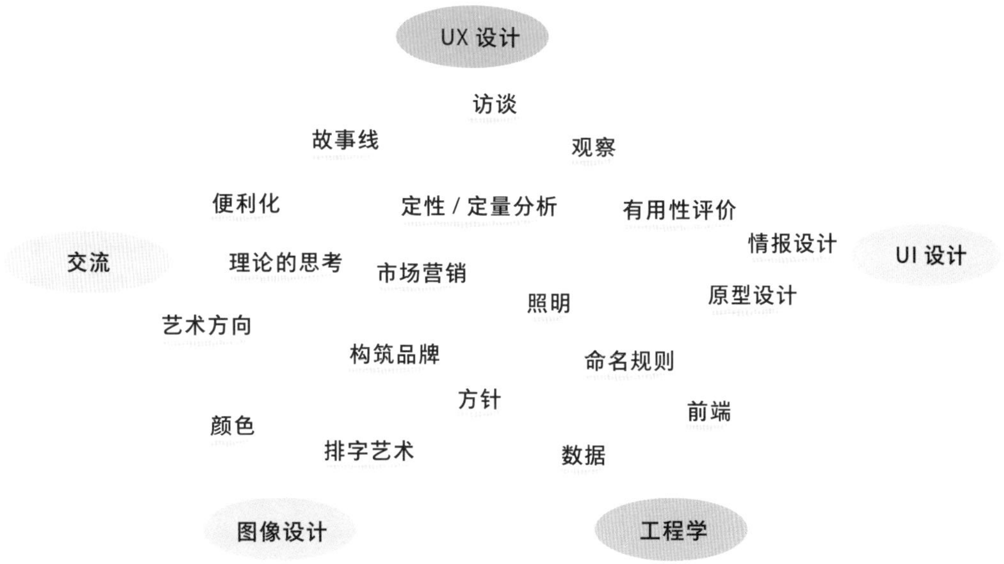

2-3

UI 设计需要做什么

UI 设计需要整理用户与网页服务之间的信息，使用网页技术和编排技巧来将想法具体化。

UI 设计 = 信息设计 × 视觉表现

提到设计，可能很容易让人联想到美观的图像，但在进行 UI 设计时，同时兼有审美性和功能性是非常重要的。

将服务价值和用户需求视为重要因素，在纵观产品整体构造的同时精细查找界面和操作中必要的 UI 要素。对信息进行收集、分类，最好能够清楚有序地阐释设计的目的。

视觉设计则是服务于当下生活的表现形式。从中能够直观地感知到服务中包含的图像及概念，这有助于打造品牌。

支持 UI 设计的技能

在 UI 设计中，需要重视"设计什么、为何设计"等定义需求的沟通能力和"如何设计、如何展示"的具体技能。

UI 设计师在整理相关服务信息的同时需要考虑技术限制和商业要求，然后再进行 UI 设计。

信息设计、界面版式以及视觉设计，这些都是 UI 设计师要掌握的必要技能 图 2-5。

图 2-5 UI 设计师要掌握的技能

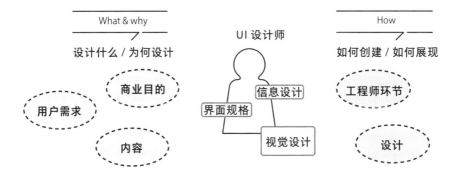

产品经理

简称 PM。作为团队的领导,在多个领域负责制定战略方针、制定产品外观,甚至进行产品分析,以达到产品质量及价值的最大化。

UI 设计的制作流程

基于服务开发的 UI 设计师需要整理要点、设计界面版式以及进行视觉效果设计 图 2-6。

1. 定义要点:通过研讨会或数据分析进行信息收集,整理界面中显示的内容优先级别以及功能要求。

2. 界面设计:使用线条框架以及模型,设计界面版式时思考实际安装。

3. 视觉设计:加入色彩、尺寸等图像表现形式。为了外观的统一以及制作效率,网页服务设计一般会使用样式指南(参见第 46 页)。

4. 评论
- PM(产品经理):能否达成目标;
- 设计师:设计师能否坚持指导路线;
- 工程师:实际安装的 UI 能否再现设计。

此外,我们还可以通过内部的可用性评估和假设测试,以及通过用户测试来提高产品的质量。

图 2-6 UI 设计的制作流程

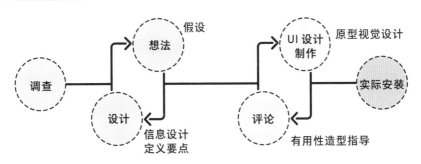

2-4

整理信息并阐释 UI 要点

设计师整理利益相关者以及产品相关信息，了解商业要点与技术限制因素后进行界面设计。

服务使用与信息设计

持续使用服务后，伴随着对各种问题采取的应对措施，功能和内容会逐渐增加。服务以及组织的相关信息会不断增加并陷入混乱。在这种情况下，处理杂乱信息的能力是 UI 设计的重要基础。

进行 UI 设计时，首先要掌握要求和限制条件，以此为基础思考需要展现的 UI 要素以及合适的排版。

在杂乱的房间中"应该如何收纳整理，用户才能更容易找到自己需要的东西呢"，带着这样的问题进行信息整理。

捕捉信息的整体走向

在思考用户在何种情况下使用服务和产品时，通过顾客追踪图或 6 步流程图**对信息按照时间顺序进行整理** 图 2-7，这样的效果或许更好。以漫画的形式展示使用场景，需要注意界面中必要的内容和版式，不要出现遗漏。

此外，"此时发出信息是否会让用户不愉快？"通过这样的思考，很容易推断出用户的感觉。

想要纵观产品的整体图像和相互关系时，网站地图和 UI 流程能够起到很好的效果 图 2-8。

图 2-7 6 步流程图（以使用食谱软件为例）

网站地图以界面为单位构造信息，UI流程则对用户浏览的对象和动作分类后实现信息整理。

尤其是UI流程在处理一个界面时，能够将"用户看到的"和"用户接下来要做的"以各种各样的晶粒尺寸表现出来，对于功能较多的产品，能够对多个界面中的通用数据进行共享整理，非常方便。

例如，想要掌握会员登录情况和付款相关信息时，活用UI流程，即使在信息差异较大的情况下也能顺利应对。

UI 要素解说

根据规格要点、数据、用户行动来设计界面规格。

UI 要素举例

- 导航
- 排版
- 组件（例：按钮和文件）
- 图标
- 文本
- 风格（例：颜色、尺寸）
- 状态切换（例：显示要点为空、发生错误时、处于加载状态时等）

图 2-8 UI 流程

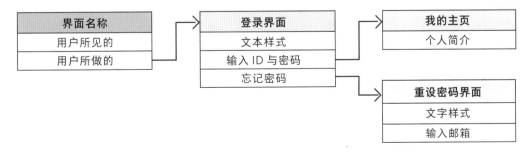

2-5

创建模型，强化沟通

传达设计时，根据所寻找的反馈信息，使用不同层次的抽象度和保真度。

根据反馈调整界面设计的粒度和传达方式

UI 设计需要基于与**利益相关者**的交流来提高功能规格和视觉的精度 图 2-9。

初次使用设计工具进行形象化设计时，由于没有规定展示的是什么，可能会造成颜色和留白不均匀。

图 2-9 界面设计的忠实度

界面类型	草稿	线条框架	实际模型	模板
想法	◎	○	○	○
信息设计	○	◎	○	○
形象化	×	×	◎	○
交互	×	×	×	◎
使用场景	定义想法要点	信息设计结合 UI 要点	形象化设计	实际检查界面切换的操作性

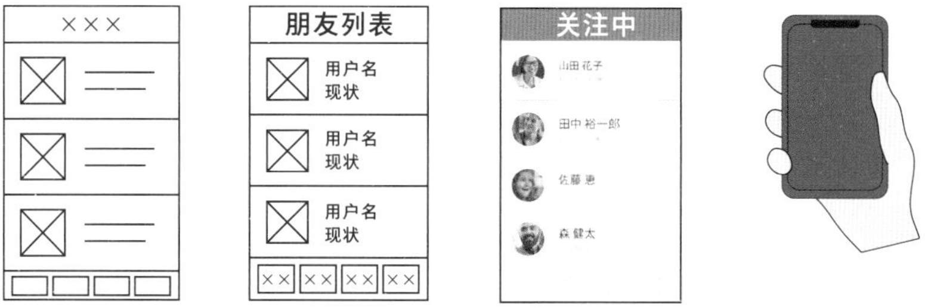

注：◎代表"非常好"，○代表"较好"，×代表"不可"。

利益相关者

原本指企业的利益相关者,包括顾客、从业人员、股东、顾主等企业活动相关的所有人。在这里指的是经营者或营业部门、设计师、工程师等与服务相关的人员。

在假设和规格都比较模糊的初期阶段,使用纸张或白板将界面描绘出来,这也是方法之一。草稿状态便于对方理解,此时不需要形象化的美感,<u>将焦点放在创意的挖掘以及信息设计上,会更便于讨论</u>。

与其一个人追求完美,不如和团队一起进行剪辑和构建,将一些能够被大家认同的创意具体化地组合到一起 图 2-10。

此外,在解说 UI 设计时,最好将以下要点铭记于心:

- 目标:通过设计想要达成的目标;
- 背景:问题产生的经过及前提条件;
- 假设:从分析结果中推断出原因和对策;
- 使用案例:产品操作方法;
- 影响范围:关联界面、数据等。

图 2-10 根据目标更改设计的传达方式

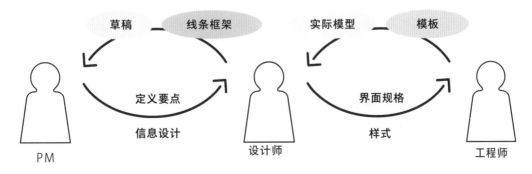

2-6

通过样式指南调整设计品质和制作环境

明确列出规则后,团队内的信息传达会更加顺利,能够为设计带来统一感。

什么是样式指南

样式指南可以在进行网页设计时对使用的颜色、字体、图标、按钮以及样式等**组件**的设计进行归纳整合 图 2-11。

随着产品的功能和界面数量的增加,参与制作的工程师以及设计师也会增加,维持以及管理设计的一贯性会变得更难。

如果没有样式指南,大家会设计出颜色以及外形各不相同的按钮,很难判断到底哪个才是最好的,成员之间的交流也会花费大量的时间,由于每个人都有自己独特的见解,导致各种不同的设计样式不断增加。

为团队及用户提供学习的机会

当有新成员加入时,需要向新成员介绍服务的历史及背景。通过样式指南,即可将产品的设计规则和要求详细地介绍给新成员。

图 2-11 样式指南示例

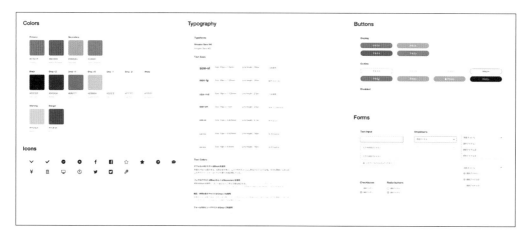

组件

构成 UI 的元素（按钮、文本样式、菜单等）。

此外，通过样式指南指定配色方案，并围绕每个部分进行使用，可以在任何页面上应用建立了规则的 UI。因为会有更多的熟悉感，所以会降低用户的学习成本，提供稳定的可用性和服务体验 图 2-12。

设计的一贯性=品牌构筑×提升服务体验

拥有一贯性的设计，<u>能够体现出这项服务的特点</u>。标志、颜色等视觉要素能够体现出品牌形象，扩大产品的知名度及流传度。

通过重用样式和组件，我们可以为用户创造一个学习的体验，并<u>提供易于理解的服务体验</u>。

关于样式指南的详细介绍和示例请查看"第六章团队协作完成设计工作"（参见第 123 页）。

图 2-12 样式指南的效果

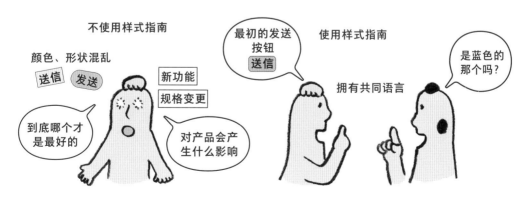

2-7

UI 设计师团队的交流和职责

在团队内找到 UI 设计师的定位，研究服务、利益相关者所看到的设计价值以及追求的价值。

设计团队内的定位

　　由于各种职业形态以及职业类型不同，对 UI 设计师的定义也各不相同。首先让我们来看一下目前设计师的定位。

　　了解组织体制中服务设计的价值与利益相关者的设计价值。在此基础上，思考产品的设计、问题、风险、经营，以及与工程师的交流。

不同组织中的不同定位

　　在商业公司中，很多设计师的团队有独立、垄断的组织体制。根据不同的服务形态及使用流程，会出现将设计师纳入开发部门的情况 图 2-13。

　　当商业公司设计师不足时，会委托外部的制作公司来完成设计任务 图 2-14。此外，想要强化某个特殊的业务领域时，也有委托给专业的制作公司的情况（用户调查、构筑品牌、UI 设计、前端开发等）。

图 2-13 在商业公司中的定位

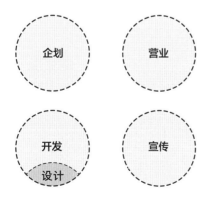

图 2-14 在制作公司中的定位

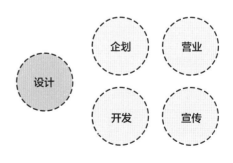

从商业网站看 UI 设计师

从业务方面来看，UI 设计师的观点很鲜明，他们是思考和创造产品可用性和美观性的专业人士。UI 设计师要以保证功能质量为卖点之一，进一步提高客户满意度 图 2-15。

从开发网站看 UI 设计师

换个角度看开发团队中 UI 设计师的定位。在开发方看来，UI 设计师的职责是根据初步规划的要点进行界面规格的设计。分析企业利害相关方及用户的行动，考虑实际安装难易度后进行设计 图 2-16。

图 2-15 商业网站视角的 UI 设计师

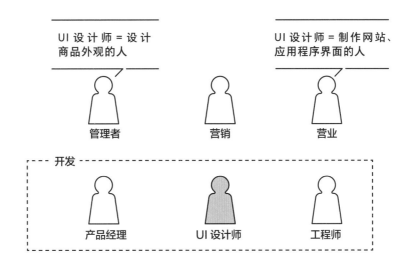

2-7　UI 设计师团队的交流和职责

UI 设计师的职责

尽管听起来会比较矛盾，虽然都是"UI 设计师"，但是从商业网站的视角与团队内的开发视角来看，设计师的职责并不相同。

并不仅仅是履行其中任何一方的职责，而是同时承担两方的职责，这才是"UI 设计师"。

反复优化细节

在网页服务开发中，重要的是将每个细节优化持续循环下去。即使有完美的指南和技术，如果不进行活用，总有一天会变成形式化的负担。

除此之外，设计技能将在促进团队的视觉效果和俯瞰零散的项目或产品时派上用场。

图 2-16　开发网站视角的 UI 设计师

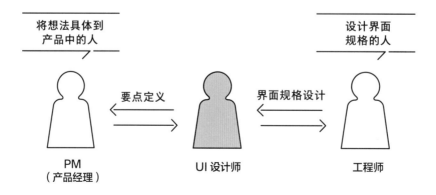

03

从"商业视角"提升服务

正在利用你所提供的服务的人们，
将什么视为"价值"呢？
供应方所理解的价值与用户实际理解的价值
之间可能存在着巨大的差距。

3-1

定量数据、定性数据表达的是什么

下面我们来看一下什么是定量数据、定性数据,以及通过这些数据能够知道什么,其区别是什么。

什么是定量数据、定性数据

数据按类型分为"定量数据"和"定性数据"。"定量数据(具有一定数量的数据)"是一种能够被掌握的数据,即数量、百分比以及趋势值等一些具有明确数值或以数量来表示的数据。例如,用户的身高、年龄和年收入等就是定量数据。"定性数据(品质性的数据)"是不能以数字表示的数据,例如对这个服务的哪些地方比较满意、UI是否便利等关于质量的数据。通过其能够了解用户的价值观以及数据不能完全表现出来的用户心情 图 3-1。

为了达成某个目标而做出某种行动时,为了检验这个行动是否合适,首先要使用各种各样的数据进行深入分析。因为通过数据分析,能够了解行动方向的合理性。

图 3-1 "定量数据""定性数据"各自的图像

定量数据

了解正在使用或未使用的"结果"

- 重视数字、数量
- 用户属性(性别、年龄等)
- 在使用"什么"
- 谁在使用

定性数据

了解正在使用或未使用的"理由"

- 重视语言、质量
- 意见、希望、不满
- 使用的理由
- 谁拥有怎样的需求

行动观察

用户调查，一种定性调查方法。以用户的行动（事实）为基础，通过现场的观察来深入洞察用户内心的想法和真实感受。

两者的区分使用

为了获得定量和定性数据，必须进行调查。最常见的信息和通信技术类型是定量研究（如问卷调查）和定性研究（如访谈）图3-2。

定量研究是基于"你会选择什么？"的问题，目的是收集可以量化的明确数据，如"你选择什么？""你不选择什么？"等，而定性研究则有助于理解由感受和价值观衍生的心理结构。由于两者的性质以及使用场景都不相同，根据了解信息的目的来对两者区分使用。

但也并不是因为使用目的的不同就能清晰地划分界限，<u>数据分析需要以"量和质"为前提</u>，将哪一方作为主要数据使用，需要根据"使用目的、想要了解用户的哪个方面"来选择。

定量分析和定性分析的组合

一般来说，人们很容易注意到利用明确的数据进行的定量分析，由于我们得到的只是现在以及过去定量的数据，并不能确定以后要如何优化。在个人的语言和行动中，使用数量和百分比不能表现出来的部分则需要一种新的"品质数据"，也就是以定性分析来表示。

将定量分析中得出的缺少数值信息的部分与定性分析得到的数据进行组合，能够得到一个更加优化的策划案。

图3-2 "定量分析""定性分析"方法绘图

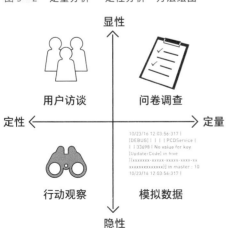

3-2

基于数据的设计优化

下面我们来看一下数据在设计优化中起着怎样的作用,以及应如何活用数据。

设计中所必需的数据分析

优化服务时必须正确理解基于现状得出的定量、定性数据 图3-3。对于设计本身也是如此,**设计师必须通过数字掌握自己的设计,作品才能更有说服力**。提到数据分析,可能会给人一种需要专业知识的印象,但即使只了解相关领域的数据也可以将其活用到设计中,设计师深入理解数据也能收获不小。

正确活用数据

以下是在服务优化中活用数据时容易失败的情况:

- 完全没有认真看过数据;
- 错误地解释数据;
- 过于执着数据的获取和分析。

先不提最开始没有看过数据的情况,只看部分数据与没有认真看数据情况相同。实施一些毫无根据的措施根本不能称之为优化。

图 3-3 优化设计时参照分析数据

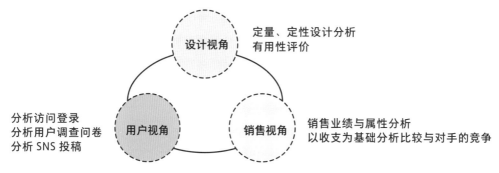

有用性

指的是特定用户在特定的情况下利用服务的目的是否很好地达成,以及是否还会继续利用这项服务。

属性分析

通过年龄构成、男女比例、使用频率、网络利用率等,了解用户使用服务的属性的行为。

此外,错误地解释好不容易得来的数据,可能会导致其他问题。

以主观角度获取与分析数据的情况也时有发生。因此,有必要将为何活用数据铭记于心,检查是否正确使用数据。

优化流程的顺序与验证

服务的优化流程首先从调查"问题"开始,然后以"假设"为基础探讨"优化措施"图3-4。

第一步是找出问题。在这个阶段,数据的价值才得以体现,在考虑改进措施的阶段,设计者的知识才得以发挥。数据对于发现问题是有用的,但它并不能告诉我们如何优化。

如果跳过了发现问题和研究造成问题的假设过程,就很难制定出服务改进的措施。对所考虑的假设进行定性验证,并采取改进措施,如采用单项测试,将增加确定性。

图 3-4 优化流程的顺序和验证

问题	通过数据分析发现问题(事实)			
假设	假设 A- 问题的原因		假设 B- 问题的原因	
优化措施	针对假设 A 的优化措施 1	针对假设 A 的优化措施 2	针对假设 B 的优化措施 1	针对假设 B 的优化措施 2

3 - 3

了解本公司的商业理念

你了解自己所在公司的优势及弱势吗？这一优势的使用价值是否传达给了用户呢？

了解自己公司的商业优势

自己公司服务的优势和弱势分别是什么，你是否对此有所了解呢？是否与团队共享过这些优势呢？

如何利用服务的优势才能让用户感受到服务的价值呢？讨论具体的措施并进行实践，这是提升服务的必要做法。但是，服务真正的优势是什么，仅靠内部人员并不能很快弄清楚，而是需要从用户的评价以及和其他公司的竞争中进行比较后得出结论 图 3-5。

例如，即便是同样的服务，你也可以发现你的服务比其他公司的服务更有吸引力的点，比如更有带入性的世界观、对用户友好的界面或者低运营负荷。突出的不仅仅是独特的方面，<u>而是大家都没有看到的一些重点</u>，这才是你真正的优势。

了解了自身优势后，就可以开始验证目前的服务是否传达给了用户、优势的价值是否得到体现。如果这些都没有做到，则需要通过实施优化措施来提升服务。

与用户感受到的价值之间的鸿沟

你想利用企业的优势给用户带来价值，但它不一定就是用户所追求的价值，两者或许并不一样 图 3-6。

图 3-5 使用 SWOT 分析了解自己公司的优势

	积极因素	消极因素
内部环境	优势（Strength）	弱势（Weakness）
外部环境	机会（opportunity）	挑战（Threats）

SWOT 分析

从 Strength（优势）、Weakness（弱势）、Opportunities（机会）、Threats（挑战）这 4 个方面分析企业的"内部环境"和企业参与的"外部环境"的一种方法。

如果想要传达的价值并没有传达给用户，除了要思考传达的方式（设计和功能）是否合理有效，还要思考公司所认为的优势对用户来说是否重要。清楚地了解服务提供方与用户对价值的认知差距，这也十分重要。

为了验证是否存在认知差距，需要建立假设，然后实施措施并进行检验。通过检验结果判断假设是否成立，如果验证错误，则证明存在认知差距，需要重新设立假设。这样反复进行假设验证，即可解决认知差距问题。

检验想要传达给用户的价值是否传达到位，需要使用定量、定性数据，从两个方面进行分析。首先检查承载价值的功能是否完备，然后了解这个功能是否会被用户有效使用。

图 3-6 关于价值的不同认知

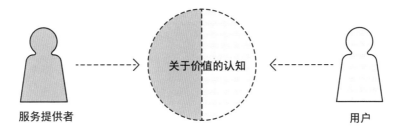

3-4

创意和逻辑并存

让我们重新思考创意和逻辑分别能带来什么,以及两者是如何运转的。

能够创造价值的想法

谷歌的创始人拉里·佩奇曾说过,"想法毫无价值"。不论是沟通还是商业,用户所追求的是"能够为世界上还没有出现的价值赋予实际形态"图3-7。因此,我们需要创意,创意是产生价值的原始动力。如果已经有了创意,就要立刻行动。总之"不断发挥创意并将它实现"才是价值所在。

创造行动的逻辑

无论你有多好的想法,你都需要一个理由去努力,去问:"这个想法会改变什么?"要回答这个问题,仅凭一个想法很难。这就是为什么你需要逻辑。

简单易懂

这里解释的逻辑是指尚处于创意阶段的"无形的"逻辑。

图3-7 为创意赋予实际形态并产生价值

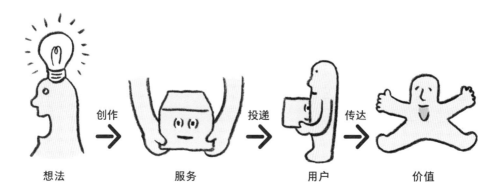

如果将创意解释得太过复杂，则会让其他人难以理解。无论思考得多么深入细致，<u>最终需要呈现出来的版式应该是人们看第一眼就能够理解的简单易懂的设计。</u>

数字和图像传达的信息

进行语言交流时，由于听者和说者的角度不同，得到的解释也多种多样。例如，阅读说明材料时不考虑上下文，则必然会产生误解。

为了避免出现这样的误解，使用视觉上容易理解的图像或者具体的数字来表达信息也非常重要。

想法和逻辑并存

虽然我们分开论述了"想法"和"逻辑"的必要性，但两者并非总是分开的，我们需要的是两者并存。将新的想法变为现实的形态需要具有逻辑的实际行动，正是因为有逻辑的存在，想法才能更好地展现 图 3-8。

例如，开发新功能时，如果能进行调查和数据分析以证实这个功能是必要的，就可以成为开发新功能的充分理由。但此时如果没有较好的想法，仅限于调查和数据分析，大家就会疑惑"下一步要做什么呢？"

想要项目能够持续进行下去，需要想法以及能够解释想法的逻辑两者同时并存。

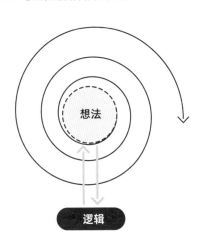

图 3-8 想法和逻辑并存并不断壮大

3-5

原型设计改变认知和理解

下面我们来看看服务开发中原型设计能够改变什么,以及适合使用在什么样的场合中。

为什么要进行原型设计?

在创建新服务和功能以及想要优化现有服务时,很多人都会有这样一种烦恼:这是用户需要的吗,对用户来说有价值吗?

在这样的开发流程中,通过原型设计,能够立即对想法进行测试并根据实际情况选择适当的方法进行优化,这种方法已经变得十分普遍(但是这里仍然提出"原型设计",它指的是通过使用模型来反复进行检验和优化 图 3-9)。

但是,并不是导入了原型设计工具就算成功了。在纸上画出草稿和线条,使用原型设计工具进行测试,这并不是原型设计。原型设计是指创建出最终作品前,创建一个样品进行改进和学习提升。原型设计主要能够带来以下四种效果 图 3-10:

- 沟通会变得更加顺畅;
- 机会和界限在更早的阶段得到公开;
- 将想法具体化后,任何人都可以体验和评价;
- 能够共享用户体验。

图 3-9 原型设计流程

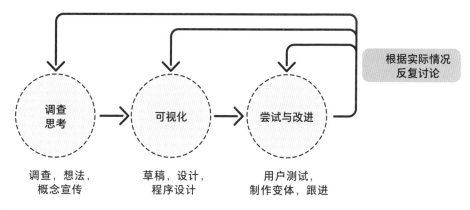

用户测试

请参见第 31 页。

原型设计的常用场合

原型设计能够用于各种各样的场合中。根据实际场合不同，其作用和使用方法也有所不同，以下是几个不同的例子 图 3-11。

探索和实验

探索特定领域内的问题、想法和机会，并检验阶段性变更或大规模变更产生的影响。

学习和理解

使用原型设计能更好地理解问题与服务以及系统的构成。通过原型设计与问题进行实际关联，能够清楚地知道哪些功能在运转、哪些功能没有运转。

图 3-10 原型设计解决的问题

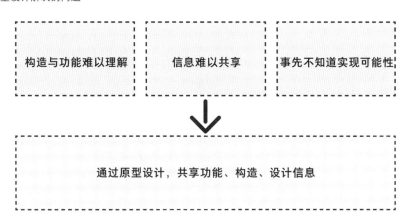

3-5 原型设计改变认知和理解

测试与体验

原型设计会涉及**终端用户与利益相关者**，能够展现出更加深入的潜意识和更有价值的用户体验。通过原型设计可以让他们知道今后的设计变更。

销售

可以用于销售新的创意，用于促进内部和外部利益相关者购买，用于新的实验和考察方法来感知市场，原型设计可以用于各种各样的场合。

原型设计造就团队

不同职责的团队成员在创建服务的过程中，不仅需要有对现状的共同理解，还需要互相理解和包容彼此的技能和职责。

在某些情况下，不懂技术的设计师可能会提出一个未考虑实施层面的设计，或者工程师发回的设计太难实施，导致工期延误。

图 3-11 不同场景下的原型设计目的

场景	探索与实验	学习与理解	测试与体验	销售
目的	问题及想法的探索。将其变为实际形态带来的影响。	继续学习，加深对问题的理解，或对问题进行分割。	了解用户以及企业利害相关方的真实想法。	为了销售新的创意，促进企业利害相关方购买。

终端用户

指利用产品或服务的人。利用人和购买人并不一定是同一个人,这里指使用网站或应用软件的用户。

利益相关者

参见第 37 页。

这是由于设计师和工程师的负责领域是分开的,没有事先把握实施可能性而导致出现问题。

活用原型设计的流程当中,团队所有成员在初期便参与到流程中,开发者能够很好地领会设计意图,关于技术的实施可能性在当时就可以立即进行讨论 图 3-12。由于所有成员都加入到了讨论中,例如不仅设计师或工程师的各自想法,还有可能在讨论实施可能性的过程中诞生新的想法。

全员参与讨论后做出商业层面和技术层面的决定,有了共同的认知,能够让今后的工作更加顺利地开展。

虽说是团队,但团队成员每个人的理解和视角都各不相同。因此,并不能只进行信息共享,还需要成员之间拥有共通的理解和共通的视角,以便拥有"共通的语言"。而创建共通的语言这一过程即是原型设计。

图 3-12 原型制作创建模型和团队

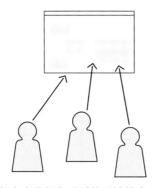

每个人的视角看到的反馈信息

原型设计,团队成长

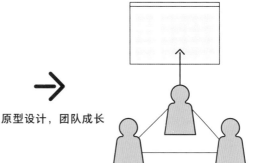

团队视角看到的反馈信息

3-6

原型的类型

很多不同的场合中都会使用到原型，需要根据开发情况及使用目的来选择合适的类型进行使用。让我们来看一看每种类型的原型具体都是什么样的。

适合于实际情况及目的的方法

在引入原型设计的开发流程时，会根据开发的情况和目的来决定实际需要输出什么样的原型。

目的、情况不同

使用原型的情况各不相同，如果在项目初期使用模型，那么确认整体概念是最为重要的。

图 3-13 不同情况下的原型类型

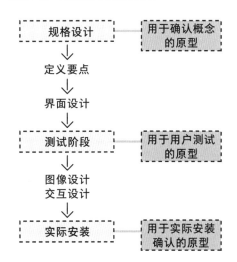

为了让体验模型的人注意到整体效果而不是细节，在内容上对原型进行细化，图像和功能可以粗略地表示。确定概念之后创建的原型以检查易用性为目的，主要与用户进行交互和实验。

只能传达整体效果和粗略内容的模型，很难获得用户的使用细节反馈。在一定程度上确认服务和概念后，在关于精细设计及有用性、用户体验的学习阶段，必须要表现出这项服务的功能和设计的具体亮点 图 3-13。

对象不同

开发程序时，以设计师、工程师以及其他团队成员为对象时，使用成员能够理解并且能够参与讨论的原型最为合适。只有相关人员对流程的进展和目的有充分了解，才能在当场直接进行沟通，很多时候，只需要讨论一个疑问就够了。

交互设计

为了保证用户能够顺利完成交易，对"想要用户做出怎样的行动""能够得到怎样的结果"这些问题进行思考及优化的过程。

滨口秀司

商业设计师。通过松下电工（现松下），参与了美国设计咨询公司 ziba 的设计。提出了 USB 驱动器等概念。2014 年在波兰创建了商业设计公司 monogoto。
https:en.Wikipedia.org/wiki/Hideshi-Hamaguchi

当对象是投资家或者经营者时，使用丰富的图像化表达能够给人留下更深的印象。由于主要目的是给人留下深刻的产品印象，因此外观十分重要。但是，服务的成功与否并不能靠原型进行简单的预测。即使原型设计得到了认可，也不要忘记从商业视角审视整个流程。

3 种类型的原型

在制作原型时投入大量精力可以获得更加真实的产品，但要注意的是，原型设计并不是创建真实的产品。要清楚为什么制作原型，从而制作符合目标的原型——**滨口秀司**。配合制作目的可以将原型分为 3 种类型 图 3-14。

图 3-14 想法、计划、开发 3 个阶段的原型实施图

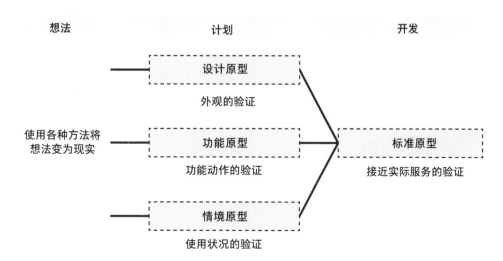

3-6 原型的类型

设计原型

是使用 Sketch、Figma 等设计工具设计的具有现实感并能够验证外观的原型。也有手绘出草图进行简单评价的情况，但大多数情况下使用设计工具来制作重要的界面。

功能原型

功能原型（功能性）主要用于验证功能操作。使用纸样机、Adobe XD、Prott 等原型设计工具。此外，也可以同时进行功能和设计验证。

情境原型

情境原型主要用于再现服务的使用情境。制作产品和服务的目录或者视频，给出用户实际使用该产品的具体图像 图 3-15。

图 3-15 情境原型的图像

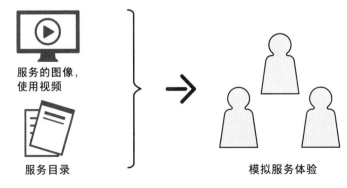

由于它能给出虚拟的用户体验，所以能够从中更加清楚地发现具体问题、优化点以及优化后的效果。

草图、线条框架、实际模型、原型之间的差异

了解与原型一同使用的术语都在什么场景下使用，能够让项目更加顺利地进行。

草图

指在纸上毫无规则地进行绘画。这是最快的整理创意的方法，比敲文字更能直观地反映想法。

草图是连接线条框架的一个步骤。

线条框架

塑造服务页面中的框架和结构。

在这个阶段需要决定将某个要素放在某个位置。这个步骤还不是设计的一部分。

实际模型

添加颜色和字体、文本、图像以及其他塑造线条框架的元素。在此步骤重复测试，调整UI。

原型

通过原型可以实现 UX 元素、交互、动画以及用户动作，可以获得实际使用该服务时的感觉。

3-7

统一团队意识

服务优化的必要问题也可能是由于组织或者团队引起。让我们来看看解决这些问题时应如何沟通和交流。

一个人无法解决服务问题

当服务出现问题而需要优化时,大多不只是一个问题,而是同时产生多个问题。大多数的问题都是因为几种理由交叉而导致的,其中也包括团队和组织中引发的问题。为了解决这些问题,需要思考对用户有价值的解决方案,要求团队成员共同协力合作,分析并共享专业知识和技能 图 3-16、图 3-17。

进步与目标的共享

想要统一团队意识,毫无疑问,"沟通"是非常重要的,而其中特别需要注意的是团队内"进步与目标的共享"。

图 3-16 小组和团队意识的区别

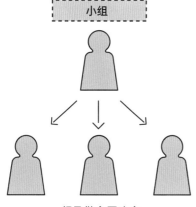
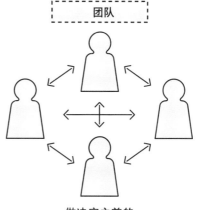

KGI

KGI（Key Goal Indicator，重要目标达成指标）是指组织和项目最终需要达成目标的定量数值。用于设置组织和项目的整体战略目标。

KPI

KPI（Key Performance Indicator，重要业绩评价指标）是指为了实现KGI，在必要的流程中掌握和评估完成程度的指数。

进步的共享

进行团队交流时，必须要注意"互相共享工作的进展情况"。如果团队成员各自埋头于自己负责的领域，会逐渐与团队产生分歧，导致服务优化陷入僵局。为了创建一个能够更容易相互熟悉工作情况的环境，需要牢记——积极共享工作进展。

目标的共享

提高团队效率的第二点是"目标的共享"。有的组织会设置 KGI 或 KPI 目标。如果是中长期目标，则必须要设定并共享较短时间内能够达成的"小目标"。原因在于短时间内能够达成的目标，需要<u>团队成员带着相同的意识和节奏感推进工作</u>。明确"目标＝终点"，团队成员才会朝着一个方向前进。

图 3-17 创建团队的基本方针

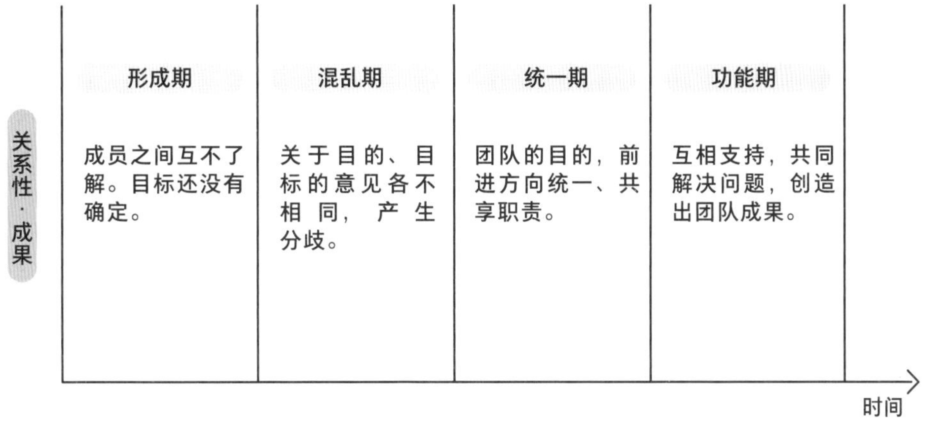

关系性·成果	形成期	混乱期	统一期	功能期
	成员之间互不了解。目标还没有确定。	关于目的、目标的意见各不相同，产生分歧。	团队的目的，前进方向统一、共享职责。	互相支持，共同解决问题，创造出团队成果。

时间

3-7 统一团队意识

确定团队的方向性

　　统一团队意识除了前面提到的"进步与目标的共享"外，明确各个团队成员的目标和团队成长的方向性也非常重要。

　　将行动的方针具体化，"成员为达成目标应付出怎样的行动"，这对于团队成员来说是简单易懂的语言，他们需要能够理解和共享。如果没有确定行动方针，会出现"无法按计划进行优化""不会主动开始行动""得出的想法和意见存在分歧"等问题。

　　因此，在共享团队方向性时，不能限于内容，思想也需要达成一致。既要传达具体内容，又要培养团队成员共同完成项目的使命感，只有这样才能获得一致协作。

　　对团队而言，如果没有确定"预先目标"，团队成员不可能都朝着同一个方向努力。此外，<u>少了个人的责任感，想要在行动上朝着一个方向努力也十分困难。</u>

行动之前在团队内询问

　　首先开始尝试当然没错，但是在行动之前要先了解以下几点：
- 有实践价值吗？
- 能给用户带来怎样的价值呢？
- 团队成员能够理解吗？

　　如果没有认识到什么比较重要，那么也不可能预测是否会成功。对于什么才是有价值的用户体验，如果团队缺少战略性思考，可能会导致创建出来的结果不尽人意或者完全没有意义。

专栏

你理解自己公司
提供的价值吗？

正确理解自己公司的优势和价值

听到这个问题，团队成员的想法可能各不相同。

由于服务数量的增加以及用户需求的多样化，服务提供方与用户需求之间很容易产生分歧。为此需要创建能够满足用户需求的价值，在优化服务时，必须要了解自己公司的服务能够提供什么样的价值。

也就是说，在激烈的竞争中，"用户为什么会选择本公司的服务"，以及"这个重要因素的优势在哪"，对这些问题的正确理解能够让公司服务提供的价值更加接近用户的需求。

使用"价值主张设计"是实现这一目标的方法之一。

创建价值主张画布

"为什么用户会使用我们的服务？""为用户解决了什么样的问题？""用户对哪一点感到满意？"……将这些问题可视化的工具，即是"价值主张画布"。

它分为"价值提案"与"顾客群"两个领域，将两者分别可视化并明确其之间的关系，然后在两者之间找到一个平衡点，思考与用户需求一致的价值提案。

关于"价值主张设计"的详细信息请参考以下网站和书籍。

- Strategyzer I value proposition Canvas
  https//.Strategyzer.com/Canvas/value-proposition-canvas
- 《价值·主张·设计：如何构建商业模式最重要的环节》Alex Osterwaldet 著、关美和译（翔泳社出版）

专栏

创建团队需要什么呢?

需要"对话"而不是"会话"

团队运作在平常就要注意交流,但交流中虽然有像聊天式的"会话",却很少有"对话"。

推进团队服务开发时必要的是"想要交流某种信息""让别人倾听自己的想法"以及"想要从对方那里得到信息""想要倾听对方的想法",即关于信息以及想法共享目的的"对话"。

对话、会话、讨论的区别

"对话""会话""讨论"意思相似,让我们来看看它们之间的区别。

讨论和对话并不是相反的,需要根据使用的目的来进行区分。

举一个对话的例子,在考虑"有必要构建设计系统"时,并不应该思考 How,"应该如何将构建进行下去",而是应该思考 Why,"如果没有设计系统会怎样呢""必须设计系统吗""现在还需要吗"。

制造对话场景

关于对话的必要性,有这样一个疑问:在日益多样化的时代,什么才是"正确的"?由于人的数量、立场、经验、价值观不同,想法会产生偏差,大家对"正确的"定义也不同。在这种情况下,对话的机会便显得愈发有价值,以便站在对方的立场上,接受不同的意见。

为了制造对话的场景,为什么不从"倾听对方的谈话并提出建设性的批判意见"开始呢?

会话	· 提高双方的亲密度 · 收集对方相关信息
讨论	· 找出议题的最佳方案 · 达成一致(决定意志)
对话	· 互相了解对方 · 探寻新的知识和想法

04

通过"用户调查"优化服务

面对着电脑屏幕,
能否知道用户真实的状态和想法呢?
通过活动、讨论、访谈等,
从多个角度探查用户的"真实姿态"。

4-1

开始用户调查吧

随着项目优化的推进，必须要进行现状分析和假设验证，了解用户的行动和想法，提高优化想法的精确度。

面向服务开发的用户调查

提到服务开发的用户调查，浮现在脑海中的可能是用户访谈，但用户访谈归根结底只能算是一种调查方法。实际项目中，需要将各种调查、分析方法相结合，将从中得到的想法和问题运用到产品优化中：
- 探查业界以及竞争公司动向的市场调查；
- 定量分析活用解析数据；
- 进行用户访谈、人种学等定性调查；
- 利用研发知识进行技术研究。

特别是在开发项目中，大致分为分析访问日志的定量调查，以及探索问题和潜在需求的定性调查。本章主要对后者进行讲解 图4-1。

用户调查 = 弥补想象和现实差距的学习机会

所谓用户调查，是以用户（利用服务的人）为对象进行的调查。

与用户实际接触，通过现场提问"在用户的日常生活中，产品扮演着怎样的角色"，站在用户的角度思考问题。从第三者的视角能够更加容易发现自己的不足，进行假设验证时能够提高想法的准确度。

图 4-1 问题理解等级

人种学

文化人类学、社会学、心理学常用的研究方法。

用户调查为产品开发带来的价值

用户调查为产品开发带来的益处主要有以下三点：

1. 可以考虑到用户面临的问题和利用环境开发服务；

2. 可以验证措施的价值和假设，减少不切实际的风险；

3. 使定性、定量数据可视化，让团队的交流更加顺利。

用户调查是团队学习领域知识及用户行为的机会，能够带来服务优化的 PDCA 循环 图 4-2。

团队如果在服务运营中没有一个行之有效的研究，那么只能做出自我感觉良好的作品，很容易陷入井底之蛙的局面之中。

通过对质量、数量两方面进行调查，了解用户动作的真实含义，团队共同思考如何更好地进行产品活用，并以此为基础作为参考资料。

图 4-2 加入了用户调查的开发流程

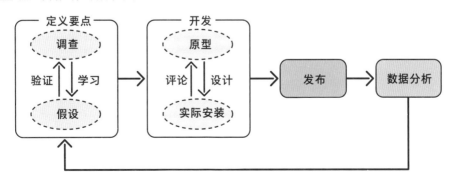

4-2

如何在项目中开展用户调查

用户调查的方法多种多样,应根据目的和具体情况来选择合适的方法。

根据开发情况选择不同的调查方法

实际项目中,什么时候应该使用何种调查方法呢?在策划阶段选择探究性调查方法,在设计及实际安装阶段选择验证性调查方法 图 4-3。

在提升服务体验价值及思考功能优化的想法阶段,实施措施时谨记"现状如何,未来想要如何发展"。

- 掌握现状:调查并分析使用情况;
- 找出问题:通过观察与理想之间的差距以及用户行动定义问题;
- 工作计划、KPI 亲和力;
- 领域知识:业界以及工作相关的专业知识。

图 4-3 开发流程及调查方法

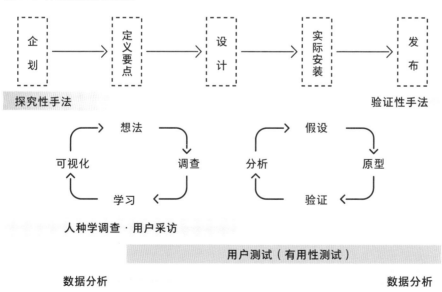

用户模型

对用户调查的数据进行结构化处理，以便分析用户面临的问题、价值和需求。通过创建用户模型，将调查中得到的结果反映到服务以及产品 UI 中。

而在作为应对措施的 UI 设计创作阶段，使用原型进行用户测试（有用性测试）。<u>不断反复改良与反馈，从而优化产品质量</u>。

用户调查能够帮助生产者认识到自己的问题和不足，为探寻问题的本质提供机会。

将调查数据反映到产品中

<u>UI 设计在用户调查中能够发挥信息设计与原型设计两个作用</u>。它能从调查得到的大量数据中，适当地取舍与产品相关的信息并将数据具体化，并承担着将数据呈现给团队的重要任务。

像这样以数据调查为基础，并将数据转化为能够为服务开发所用信息的过程，称为**用户模型**。用户模型是指为了分析用户所面临的问题，将调查数据构造为模型（构造化）的做法。

- 操作对象：界面、数据；
- 使用环境：在何种情况下以何种顺序使用；
- 用户体验：设计能否满足用户的需求；
- 开发规格：功能的实际安装、设计、影响范围。

UI 设计师需要考虑上述各项后再进行产品的 UI 设计。为了能够打造更好的服务，需<u>要掌握服务的提供价值以及用户体验的实际形态，朝着技术实现方面发展</u>。

要通过用户调查加深领域知识，在考虑用户需求与功能规格的同时进行产品的信息构造设计。

4-3

从用户视角出发的"用户访谈"

让用户谈论服务相关的话题，从中了解用户的世界观和行动。

了解新视角和故事的对话

用户访谈是一边对用户进行提问一边进行信息收集的调查方法 图4-4。并不是为了做某个决定而开始对话，而是为了<u>通过相互理解产生新的视角和想法而进行对话</u>。

通过实际与用户见面，倾听他们的真实声音，我们可以<u>了解他们的个性、价值观、生活环境、行为方式、意识等</u>，这些都是数据或调查反馈中无法了解的，它让我们可以构想一个最适合用户的服务。

图4-4 用户调查的类型

计划式访谈	深度访谈	小组访谈
事先决定提问项目和时间分配，根据回答的内容再进行更详细的询问，更改提问的顺序使其与会话的流程进行配合。这种方法在难以保证时间的情况下，如结合问卷调查时，更易于安排。	用户与提问者一对一面谈形式的访谈方法。通过大约1～2小时的采访，询问与服务相关的内容以及用户的日常生活信息，进而理解该用户的价值观、行动过程和深层的心理活动。	由5～6名用户组成的小组座谈会形式的访谈。可能会出现用户独有的话题和内容。通过观察谈论话题及内容的态度，找出服务问题以及潜在的需求。
访谈时长 ★★★☆☆	**访谈时长** ★★★★☆	**访谈时长** ★★★★★
招募花费 ★★★☆☆	**招募花费** ★★★☆☆	**招募花费** ★★★★☆

团队共同参加用户访谈

随着事业规模扩大、团队人员增加，团队的职责分工也更加细化。人越多沟通成本越高，各种信息和意见交互，应以什么为标准，应如何进行价值判断，决定也越来越难。

正如俗语"百闻不如一见"所说，参与用户访谈，与用户一起看同样的东西，比给他们读长篇报告更容易分享某种观点。此外，直接与用户交流，能够提高开发者的积极性，还有可能会激发灵感 图 4-5。

图 4-5 理想与现实的差距

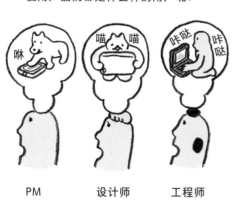

使用产品的都是什么样的用户呢？

PM　　设计师　　工程师

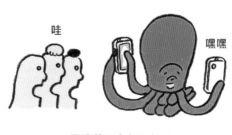

实际见面之后……

团队共同参与和倾听
活跃气氛，畅所欲言

4-4

计划用户访谈

决定用户访谈的目的,思考提问的内容,同时准备用户招募活动。

设置目的

首先需要思考进行用户访谈的目的。明确通过用户访谈想要了解哪些信息。接下来需要思考围绕这个目的实施用户访谈会不会带来较好的效果 图4-6。

- 条件:项目、日程表、预算是否充足;
- 对象:只对用户提问是否有效(是否需要考虑企业利害相关方、数据分析)?

招募

接下来,开始招募访谈对象。可以通过广告或者营销等方式**招募**,或者利用外部的专业服务来招募。

- 通过企业网站或 SNS 等直接对用户发出邀请进行招募;
- 咨询社内部门(营业或 CS 等与用户接触较多的部门);
- 利用外部专业服务(例如 Macromill、Visasq、Asmarq)。

图 4-6 用户访谈流程

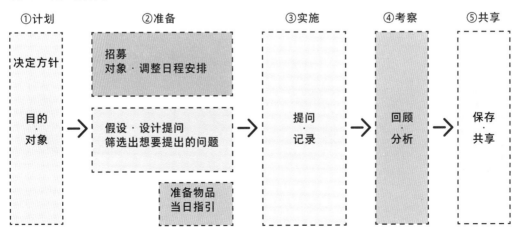

招募

一般是指企业的招聘，或人才招募、招聘。在这里指招募用户访谈的对象。

将假设语言化

如果负责的项目需要优化功能，让我们将此功能提供的价值和问题进行语言化。

- 服务体验：该功能能够提供给用户的价值与体验；
- 问题：现在有什么问题，原因是什么；
- 优化方案：该问题的优化方法。

明确提出上述项目，就能对假设与采访的结果进行比较分析。

思考提问内容

设置一些与目的及假设相关的问题。将想要提问的内容写成清单并进行分组，对提问内容进行整理 图 4-7。

此外，准备便利贴、活页纸，这是整理提问内容的一种方法。问题数量较多时，画出标记或用颜色区分先后顺序。

实际访谈时，根据对话语境进行提问，不一定百分之百按照计划执行。事先准备好提问的内容，确保访谈当天能够游刃有余地应对。

图 4-7 整理提问的方法

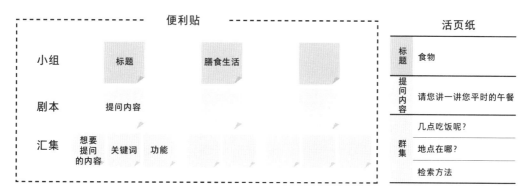

用户访谈当日的准备

为确保用户访谈顺利进行,需要提前计划好访谈引导、职责分工、物品准备等。

制作访谈引导

为了保证访谈以及记录工作顺利完成,需要将当天日程安排以及提问表等整理成访谈引导,这样会更加方便。

所谓访谈引导就是类似"小纸条"的东西。事先计划好时间分配、话题、提问内容,能够使访谈顺利进行。

有多名提问者时,如果能够共享访谈引导,将有助于减少人员之间的差异 图4-8。

图4-8 访谈指南

目录	所需时间(分钟)	主题	剧本/问题	意图或想要验证的假设	备注
导入	10	寒暄语	非常感谢大家在百忙之中前来参加访谈。我是今天的访谈人员OO。这是我的同事OO和OO。		
		说明主旨	此次的访谈主要围绕OO进行提问。		
			接下来会对大家提出各种问题,希望能够得到大家直率坦诚的回答。		
			时间大约一个小时左右,大家能够接受吗?		
		同意书	在访谈时,是否介意进行录音和摄像呢?		
			能否签署保密或私密协议?		
		活跃气氛	今天是从哪里过来的呢?类似的闲谈。		
接触要点	3	开始	了解OO的机遇是什么?		
			什么时候开始使用OO?		
			选择OO的理由。	与其他服务的区别。	
使用场景	5	行为环境	在哪个客户端使用OO?	行为环境。	
			使用网页还是软件呢?		
			学习的时间段。		
			学习场所。		

接触点

表示"接点",市场营销中指与顾客(用户)、服务及产品、企业、品牌等的接点。

进行彩排

制作好访谈引导,就可以以实战形式来进行彩排。实际对话后就能发现需要改善之处以及准备不足的部分,如"这种表达方法更加合适""这时需要拍照"。

进行用户访谈时,不要一字一句朗读事先准备好的问题,而是需要根据语境来进行适当的提问。<u>提一些能聊到具体话题的问题</u>,了解用户过去的一些行为。

分配职责

通常一个用户需要两个成员(提问者与记录者)负责。如果想要参与的工作人员太多,建议使用视频直播,几十个工作人员围着一个用户可能会让用户感到紧张,所以最好在单独的房间里进行直播。

- 提问者:对用户提问的人;
- 记录者:记录用户发言的人;
- 观察员:观察用户的表情和举止,在对话偏离时给予帮助的人。

准备文件或器材

进行用户访谈时,有时会需要NDA(保密协议)或隐私协议书以及答谢礼。此外,在用户实际操作产品时拍下照片或录像,会为考察的有用性提供很好的材料。但是,访谈开始时需要先说明使用目的,征得用户的同意再进行摄影或录像。

4-6

用户访谈的提问方法

用户访谈是为了探查用户心理而进行的调查活动。创建轻松的谈话氛围并尝试提出一些易于谈论的话题,可以使访谈更加顺利。

打造轻松的谈话氛围

人们面对初次见面且关系不深的人,容易表现出警惕性的态度,说话也只能流于表面。在访谈开始时缓解对方的紧张心理,打造轻松愉悦的氛围,与用户建立信赖关系,这是十分重要的。可以通过自我介绍,讲一些幽默笑话或进行闲聊(天气、交通)来活跃气氛。此外,人们为了让自己受到关注,有时候会夸大其词。为了能够更加真诚地交流,需要确保用户的<u>安全心理</u>得到满足。

不要提出需自我论证或者有诱导性的问题

用户访谈是<u>优先倾听用户发言的机会</u>,而不是听服务开发方的意见和主张。提供一些轻松的话题,设定情景,<u>让用户更加容易地谈论具体的想法,并思考从他们过去的行为与经验中获得的事实信息、他们对话题的兴趣点,以及他们认为的问题所在。</u>

因此在采访时,最好避免发表一些加入自己意见和主张的言论,或进行引导询问,或倾向于提出只能回答"好或不好"这样的二选一的选择性问题。

图 4-9 回溯

安全心理

让成员或者参加者能够安心地说出实际想法，可以展现真实自我的环境和氛围。是一个心理学用语。

回溯

直接重复对方说出的话来进行反馈，是一种表示自己正在认真听对方谈话的交流方法，叫作"鹦鹉学舌"。

鹦鹉学舌

在对话时重复对方说出的话或关键字，是一种能够让访谈顺利进行的方法 图 4-9。

- 表示自己正在认真听对方谈话，能促进互相理解和共情的产生，建立信赖关系；
- 谈话很长时，讲出谈话的重要部分，确认认知差距，制造深入挖掘这个话题的机会。

深入探查详细内容

要反复钻研如何与对方建立信赖关系、如何交流，并根据语境进行适当的提问 图 4-10。

如果你直接问"为什么"，对方可能会试图从逻辑上解释清楚，遗漏一些重要的信息，甚至会对你撒谎。

如果你想提出一个问题，引出过去的行为，然后深入了解答案，不要使用"为什么"，而是用"何时、何地、多长时间、何人、何事、如何"等问题，逐步引出更具体的情节信息。

图 4-10 提问示例

4-7

用户访谈的记录方法

进行用户访谈时,需要记录用户的谈话,分开记录发言者、事实、解释,将更便于后期整理。

观察什么

进行用户访谈时,要观察用户发言以及谈及各个话题时的反应。"分析"是对信息进行理解的行为,而"观察"能够排除先入为主的观念,看到行为的本质。发现在会话中频繁出现的词语或态度、经常出现的人物,理解用户所在的环境和用户的价值观 图 4-11。

人们有时候会将自己的行为过度正当化,很容易说出场面话。不能照原样直接记录用户的发言,要洞察谈话的行动和背景,分清到底是场面话还是真心话。

访谈记录方法

会议记录人负责记录访谈的内容。

记录时,使用标签和记号,分开记录用户的发言、行动和记录者的解释内容,这样会更加便利 图 4-12。如果对用户操作产品的场景进行拍照或录像,在回顾和共享时会更加方便。

图 4-11 观察的要点

正确

表情

棒

举止

图 4-12 如何记录：轻松区分事实和解释

记录表
分列记录"发言"和"洞察"

主持人发言	用户发言	洞察
您昨天午饭吃了什么？	去便利店买了吃的，在我的桌子上吃的。	是不是没有时间去店里吃？
买了什么东西？	三明治和沙拉。	
午饭经常在便利店买吗？	不，并不是。受到同事邀请会去店里吃。每天情况不一样。	

笔记
使用记号将"记录者解释"以及"用户回答、行为"区分开

```
@ 主持人的发言
→ 用户的发言
/ 洞察

例：@ 您昨天午饭吃了什么？
    → 去便利店买了吃的，在我的桌子上吃的。
    / 是不是没有时间去店里吃？
```

团队内回顾用户的访谈结果

完成访谈后成员一起回顾结果。回顾后将报告生成日志保留。

图 4-13 访谈结果的分析顺序

1. 创建记事录
将用户访谈的记录整理为文本。如果有录音文件,需要将漏听的地方添加进去。

2. 提取要点
反复阅读记事录文本,要选出频繁出现的话题、调查目的、调查假设与假设相关的重要回答。

3. 发现规律
纵观全局,找到共同点和不同点的规律并进行分组,并为各个分组写上标题。

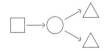

4. 图解
找到每个分组的关联性并进行图解。根据各个小组之间的因果关系添加箭头,或者以时间为顺序排列。如果有需要,还可以用到用户旅程图等线条框架来排列。

5. 考察
以准备阶段中设定的调查目的和假设以及各个记录中得到的信息为基础,参考以下几点,提议开始接下来的行动(优化方案、措施)。
- 价值、问题假设达到目标的程度如何?
- 是否有任何需要改进的问题?
- 用户故事;
- 是否有新的知识和发现。

亲和图法

将收集的信息制成卡片进行分组整理的分析方法。

服务蓝图

服务提供给用户之前的流程，表现利益相关者关系的图。

制作报告时的心理准备

在本节中，使用**亲和图法**来分析访谈结果图 4-13。另外还有用户旅程图、**服务蓝图**等多种分析方法。

设计师在分析时需要注意的是，避免将报告外观制作得过于精美而浪费大量时间，或制作难以编辑和共享的格式。访谈报告应尽量在印象比较深刻的时候制作，<u>尽量制成便于团队成员阅读和共享的格式</u>。

如何传达给团队

访谈的共享选择团队交流常用的格式或工具即可。访谈后，如果需要使用便利贴和白板与成员举行会议回顾，可以在聊天软件中使用文本或链接等形式共享。

不进行主观臆测，不囫囵吞枣地理解用户的发言，提取出与用户发言相关的事实，看清问题的本质 图 4-14。

图 4-14 访谈报告的构成

实施概要	采访内容	考察
调查目的 目的、场所 参加人员	用户简介 记事录 拍摄 （录音、视频、照片）	假设验证 （线条框架分析） 图解总结 优化方案

4-9

评价"易用性"的用户测试

观看用户实际操作产品的状态,发现产品的易用性和需要优化的地方。通过用户测试评价产品的易用程度。

评价"易用性"

用户测试(易用性测试)是指让用户实际操作产品,通过对用户的行为以及发言进行观察来评价产品"易用性"的一种方法 图 4-15。进行用户测试时,关于产品的 UI 设计能够为用户带来何种程度的便利性,需要从效果、效率、满意度等角度分析。

根据使用人员以及使用情况不同,对 UI 设计的"易用性"理解也各不相同。因此,用户测试需要预先定好目标人物,并提示用户操作的任务(工作任务)。对多名用户给出相同的任务,观察和比较用户操作的实际过程,以此来评价功能的有用性。

用户测试为服务开发带来的价值

进行用户测试时观察用户使用产品时的状态,具体掌握该功能的价值与 UI 设计需要优化的地方。

图 4-15 什么是用户测试

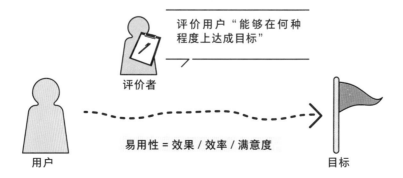

价值验证

在想法策划阶段，制作原型（样品）用于用户测试，考察此想法的价值和实施可能性。

在原型设计阶段，通过对想法进行简单验证，可对其进行修改或制作多种类型的样本。

优化点的可视化

进行用户测试时，能够了解团队内构想的用户使用方式与实际看到的用户使用方式之间的差距。在团队内共享实际情况，互相交换具体的优化措施及意见，能够活跃团队的氛围。

用户测试的参与人数

雅各布·尼森先生曾指出，即使只有五个人参与用户测试，也能得到很好的增益效果。图4-16中可以看到，五人用户测试能够发现85％的有用性问题。

"五人参与的话就没有什么问题"，这并不完全是字面含义，而是指即使人数较少也能得到较好的效果，因此，试着开始用户测试吧。与其进行一次十五人以上的用户测试，不如将测试时间分为三次，每五人进行一次测试，这样产品优化效果或许会更好。

图4-16 发现易用性问题

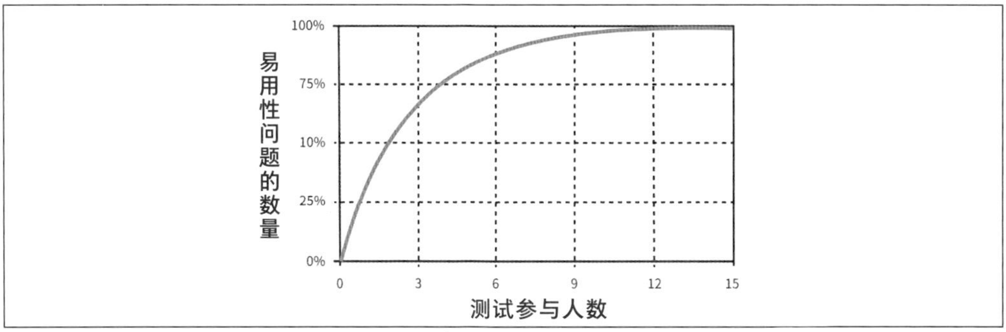

4 - 10

如何准备用户测试

用户测试需要设置目标、招募对象、观察要点以及设计评价任务、准备物品等。

设置目标

首先需要明确是否真的需要进行用户测试以及要测试什么。在团队内明确调查的目的、评价结果的灵活方法等 图 4-17。用户测试是观察用户实际使用产品时的状态，从而发现产品优化点的一种方法。如果想要验证 UI 易用性价值，用户测试是很有效的方法，尝试一下吧。

如果你没有一个具体的 UI 来操作，可以利用用户访谈，其目的是收集特定主题或假设的信息。此外，如果你不仅想了解产品的使用情况，还想了解利益相关者和他们的日常生活，可以使用影子跟随法（参见第 92 页），即在现场进行人种学调查。

招募对象

确定调查的目的后，筛选出用户测试对象，然后开始招募参加用户测试的人员。此外，除了直接询问参与者（用户），你还可以通过邀请专家和熟悉参与者的人一起进行测试，获得有用的信息（参见第 96 页）。

图 4-17 用户测试流程

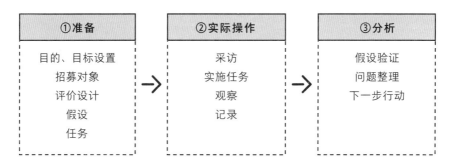

将假设语言化

思考测试对象的 UI 任务前,先将此设计相关的目的、背景语言化。

- 问题假设:现在面临的问题是什么?
- 原因分析:问题的原因、背景;
- 服务体验:能够为用户带来什么样的价值。

进行用户测试时团队共同进行语言化的这个过程也非常重要。进行用户测试时,UI 目的能够达成多少?这个问题可以通过用户的界面操作进行具体验证和考察。

思考任务和观察要点

需要思考:在何种情况下、什么样的界面上、以何种方式操作这个任务(工作问题),以及任务执行过程中观察的要点 图 4-18。思考任务时,要将以下几点铭记于心,同时将其语言化。

- 确定任务的优先次序并加以简化;
- 站在用户视角思考:不是负责人的主观臆测,而是要站在用户的角度思考行为和需求;
- 场景化:创设一种情境,让用户在使用功能时有一种真实感。

图 4-18 设计任务

4-11

实际开展用户测试

为了让用户测试更有意义，不仅要实际检查、观察任务，还需要进行事前及事后访谈。

事前访谈

当天和用户见面后不能直接催促用户开始操作，首先要进行自我介绍或聊一聊相关的功能，渐渐地缓解对方的紧张感 图 4-19。

一边询问用户开始使用产品的契机、持续使用的理由（使用动机）、平常生活中如何使用产品（使用情况），<u>一边掌握用户行为模式及对话关键词</u>，有助于后面用户测试的场景化（场景设定）。

传达注意事项

进行用户测试时，如果用户无法顺利地进行操作，因为失败而感到失落时，可能会寻找借口掩饰。测试之前要提醒用户，"<u>这不是在测试你的'能力'，而是测试'界面的功能'</u>，即使无法顺利地完成操作，你也不要放在心上"。

此外，不要安静地做任务，在用户操作界面的同时询问用户"对界面上某位置的某对象感觉如何"（思考对话法）。当用户提出操作疑惑时，需要亲自看着样本为用户讲解。

图 4-19 用户测试当天的流程

用户测试当天的流程

①介绍	②事前访谈	③实施任务	④事后访谈	⑤结束
环境准备 寒暄 签署同意书	活跃气氛 自我介绍 任务相关提问	提示任务 实施任务	感想 主观评价	谢礼 目送

观察 · 记录

思考对话法

在执行用户测试任务的过程中,让用户一边操作屏幕,一边说自己在想什么的方法。

实施任务时

在实施任务时需要细致观察。服务开发方要积极与用户聊天,但是要注意避免诱导性的行为 图 4-20。

当用户陷入操作困境时,脸上是否出现了疑惑的表情,最初的预想和实际的使用方法之间是否存在差距,一边考虑这些事情,一边在实施任务过程中观察用户的举止。对用户操作的界面进行录像,能够对后期的分析以及团队共享有所帮助。

事后访谈

任务完成后倾听用户的感想。顺利完成任务的用户可能会给出积极的回应,未能顺利完成操作的用户可能会表现出消极的感想或提出希望改进的意见。

任务实施之前的预期和完成一系列任务之后的结果可能会有差距,要倾听用户的整体感想。以这些信息为参考,具体筛选出用户觉得不足的地方,并思考原因以及优化的方法。

图 4-20 用户测试的任务观察

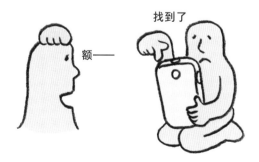

分析用户测试结果

比较分析测试的结果和假设，整理问题并落实产品的优化提案。

验证假设

参照用户测试的任务结果，验证准备阶段（参见第86页）设立的假设。针对此假设、价值是否合理、是否存在需要优化的问题，考察是否有新的发现 图 4-21。

- 假设与结果之间差距较小——判断为确信度高的想法；
- 存在问题或优化点——思考解决方案或措施；
- 有意外的发现——作为新知识进行学习。

整理问题

如果存在多个问题，思考优先级别，按照**质量（效果＞效率＞满意度）× 发生频率**进行分类 图 4-22。尤其是预测能够达成的效果但是却未达成的情况，需要提高此类问题的优先级别。

● **考察示例**
- 效果：无法完成商品购买；
- 效率：需要在多个界面中输入相同的个人信息；
- 满意度：无法购买想要的商品，不满意。

图 4-21 分析假设验证

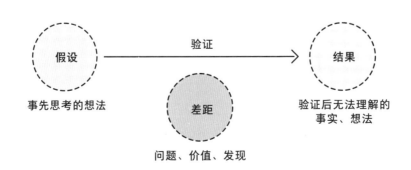

思考下一步行动

基于分析结果，从优先级别高的问题开始思考优化措施，并开展行动。如果能解决所发现的问题，就把它纳入措施中，详细思考下一步的行动并执行。另外，如果参与计划的人数不够，你想从不同的角度收集数据或检验不同的假设，就计划下一次的实践测试。

保留日志

在团队内共享用户测试的实施目的和检验对象，团队成员共同倾听和感受用户的心声也是非常重要的。

团队共同观看和分享，能够增加团队的凝聚力，使交流更加顺畅。用户测试的准备可能会很烦琐，让我们循序渐进吧。

图 4－22 问题的分类

		问题的本质		
		效果	效率	满意度
发生频率	高	优先度 1	优先度 2	优先度 3
	中	优先度 2	优先度 3	优先度 4
	低	优先度 3	优先度 4	优先度 5

来源：《用户体验与可用性测试（第二版）》樽本彻也著（欧姆社，2014）第 234 页图为参考

以路人为对象进行拦截访谈

与街上的行人搭讪进行拦截访谈。拦截访谈需要一些勇气,但却是能够在短时间内轻松开始的一种方法。

什么是拦截访谈

所谓拦截访谈,是指与街上路过的行人搭讪的一种采访方式。用户访谈是采访使用服务的用户,拦截访谈则是采访街上偶然遇到的行人 图4-23。

乍一看,拦截访谈是一种简略且随机的方法,但其有助于<u>遇到用户招募中无法遇见的潜在客户层</u>,多下功夫研究对话场所以及对话人,会得到与之前不一样的效果。

能够轻松开始

拦截访谈与路上的行人搭讪,能够有效减轻招募、谢礼、提问时间等压力,相对而言能够利用更少的资源开始调查。可以在进行正式访谈之前先进行拦截访谈,为优化提供整体方向。

此外,为检验深入访谈中获得信息的合理性,也可以使用拦截访谈。

图 4-23 拦截访谈示例(无论在何处与用户相遇都能得到重要信息)

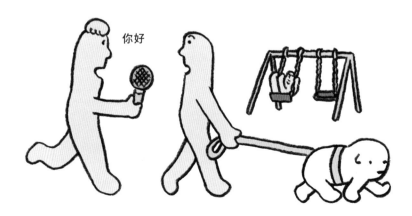

尝试不同的场所和访谈对象

如果在符合实际服务使用场景的地点和时间进行采访，很容易获得有用的数据。

使用与预想的实际使用场景相近的环境，通过倾听潜在用户的想法，了解社会与产品的接触点。

拦截访谈时的心理准备

突然在路上与人搭话，很可能被误认为有诈骗的嫌疑，让对方产生恐惧心理。"能否帮忙做一下商品调查"等正式的搭话方式会更容易让他人参与进来。比起单独一人，两人组合，一个人进行提问，另一个人记录和观察的形式效果会更好 图 4-24。

图 4-24 以问卷调查为契机，制造提问的机会

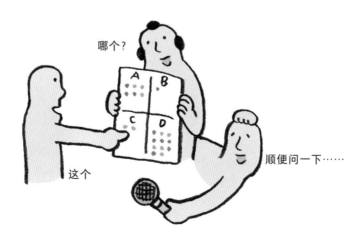

"影子跟随"用户了解周围环境

在幕后长时间观察用户生活、行动的"影子跟随"方式,是进行服务设计时十分有效的调查方法。

什么是影子跟随

通过影子跟随调查,长时间密切接触用户,能够更加深入地理解用户的日常生活、感情、行为的背景等(参与观察)。<u>不要只关注数字框架和服务以内的行为</u>,而是通过观察以用户视角看到的世界和事物进行判断。

对现实环境的掌握有助于理解服务的接触点和使用服务前后的背景,设计出更加贴近用户生活的服务。

透彻了解现状并发现问题

影子跟随的目的是真正认识用户的日常生活和价值观,得到用户真实的想法。如果你事先准备好一个假说,你的思路可能会被引导去证明这个假说,你的视野可能会变得狭窄。

影子跟随是从他人的视角来捕捉和体验事物的一种方法。影子跟随需要去除个人臆测,思考"为什么用户会做出现在的行为"图4-25。

图4-25 影子跟随的场景

先记录再分析

此外,进行影子跟随时,应先记录再分析。如果在跟随过程中进行分析,可能会错过观察当前正在发生的情况。

记录时,推荐使用照片或者视频这样的视觉信息收集工具。这样做也可以更容易将场景和信息传达给未到现场参加的成员 图 4-26。

另外,关于用户行动的分析,可以等到观察、调查结束之后整理好数据,然后进行总览分析。

与其他调查方法组合

不仅限于影子跟随,用户调查可以组合实施多种调查方法,这样更容易得到有效的数据。

例如,将用户访谈时谈过的内容放在实际生活中观察,可能会发现在对话时故意被省略的内容或当时的利益相关者没有触及的内容。**要试着以多种视角捕捉并探查事实和问题。**

图 4-26 记录方法

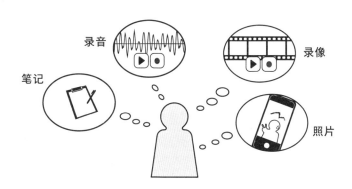

与用户实际接触的见面会

活动不仅是宣传的场所,也是与用户直接互动的场所。

什么是见面会

见面会是与用户及利益相关者的交流活动。见面会大多数情况下以广告宣传为目的开展,但也可以用来引入案例研究和圆桌讨论,发掘用户的独特观点和真实意见 图 4-27。

尤其是面向 SaaS 及 B to B 的服务,如果面向 B to C,那么很容易使服务开发方与用户的距离变得越来越远。通过见面会与用户交流,不仅能够提高用户对服务的好感度,还有助于团队加深对用户的理解。

案例研究

通过在活动中介绍优秀用户的案例,能够加深用户对服务的理解和共鸣。

当案例研究由具有相似属性和问题的用户呈现时,比广告内容更容易被认为是真实的故事。有很多共同点的用户之间的信息交流可以更加有效,成为具有高度共鸣性和吸引力的内容。

图 4-27 案例讲述的场景

SaaS

软件即服务（Software as a Service）的简称。在网上提供软件服务，用户根据定购的服务和时间长短向厂商支付费用。

通过社交聚会探查真实想法

进行用户访谈时，打造轻松的谈话氛围，了解用户的真实感受（参见第 38 页）。联欢会可以让初次见面的人也能轻松地开始交流，因为从未见过面的人互相交谈更容易畅所欲言。

此外，用户还可能会提出一些难以与服务提供者讨论的话题和担忧。倾听用户之间的对话，观察对话的发展，可能会发现新的见解 图 4-28。

形成粉丝和社区

在见面会时，令热爱服务的用户形成粉丝和社区，这是一种有效的方法。

想要让用户继续使用该服务，必须做出相应的努力让人们记住。线下交流能够加深用户与服务之间的关系。内部活动的开展带来传播企业文化的机会，不仅能增加外界曝光效果，还能对内部员工产生文化渗透的效果。

图 4-28 你可以从闲聊中学到很多东西

实施专家评审的好处

借助专家的反馈,迅速验证想法。

什么是专家评审

专家评审是获取专家反馈,从而验证假设或发现优化点的一种调查方法 图 4-29。

领域专业视角

行业专家、用户圈子里活跃的参与者都可以被考虑。例如,就教育服务而言,可以是"私立学校中负责与家长交流"的人,"在出版公司负责编辑教科书"的人。另外,也建议多与销售和客服等和用户互动较多的人员交换意见。

设计视角

具有 UI 设计经验的专家将使用产品来评估其设计质量。这是一种从自己以外的设计师那里获得反馈的方式。设计评审:设计人员结合服务、可用性、信息设计、设计准则等角度,讨论是否有遗漏或需要改进的地方。

图 4-29 什么是专家评审

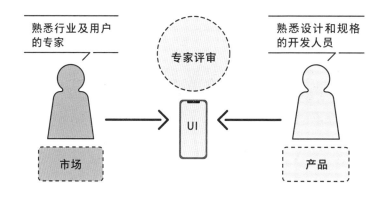

节省时间和费用

　　用户访谈和用户测试的场地安排，以及招募和答谢礼都会产生费用。通过接收专家的反馈，能够减少假设验证和质量检验的相关费用。

　　另外，如果对象是用户，则其会将重点放在自身体验上，但通过与知道大多数人情况的专家评审进行比较，能够系统地组织信息并综合评判。

为团队创造学习机会

　　如果你在一个高度专业化的领域提供服务，如教育、金融或医学等专业，专家的内部学习课程是非常有益的 图 4-30。

　　通过向熟悉市场和用户的人学习，可以更容易地具体想象用户如何使用产品，以及在日常规划、设计和测试中预测可能出现的问题。除了直接与用户互动外，专家课程提供了另一种了解用户的机会，可以培养从用户角度思考问题的团队。

图 4-30 参加专家课程会提高专业知识

专栏

总感觉用户调查难度很大

从我们能做的开始

"用户研究需要线条框架与专业知识""采访和记录花费很多时间,比较麻烦",可能有人会有这样的想法。从 SNS 上发布的感想、照片中可以轻松地访问有关用户与市场的信息,即使用户是竞争对手也无妨,从这些地方开始行动也是一个不错的方法。

通过数据分析和 NPS 问卷调查来定量估计重要程度和严重程度,并通过观察用户测试中的行为来优化功能,根据目标和开发阶段,结合多种技术并进行反复试验。

尝试小型的用户测试

如果你是一个 UI 设计师,或者是一个对功能规范有所了解的开发人员,你可以试试这个方法。它可以检测你在做功能或 UI 时假设的用法有多正确。

如果你没有时间准备用户测试,不妨和附近的内部员工交流一下,请他们来操作这个功能。重要的是在让人们真正使用产品的同时,找出盲点和需要改进的地方。让我们从小事做起,用身边的人做练习吧!

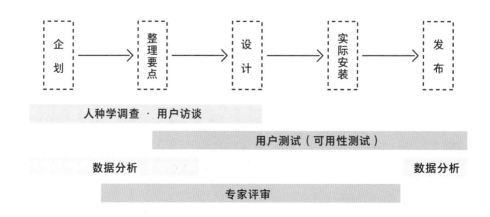

05

让"设计系统"成长

设计系统不仅是 UI 设计师的可靠准则，
也是服务开发团队所有成员的通用语言。
下面我们来具体看一下
引入它有什么好处。

5-1

什么是设计系统

如今在 UI 设计领域，我们常会听到"设计系统"一词。不仅仅是设计师，团队进行设计服务时，所有人都必须要了解下一步的措施。

设计系统的概念

从概念上看，使用设计系统创建产品和服务的项目超越了设计师和工程师的职责和领域界限，可以说它是开发**团队里每个人的"通用语言"**。正如 Single Source of Truth（唯一可以依靠的信息来源）一词的含义，它与产品或服务所要达到的理想和目标有着密切的联系，被定义为灵活的行为准则，也是每个成员在决策和外包某件工作时可以依赖的判断来源。

设计系统的结构

设计系统是由有形的要素以及无形要素组成的，有形要素比如设计标准和原则（对服务、项目等的"好设计"的明确陈述），它是帮助你遵循这些标准的**样式指南**和组件库。无形的要素，比如公司和服务愿景和品牌资产（品牌名称和 logo 等无形资产）图 5-1、图 5-2。

图 5-1 设计系统的利用图像

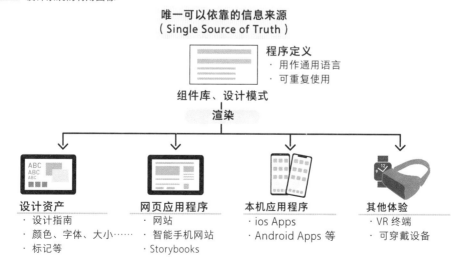

样式指南

设计网站等的规则总结。如何使用单个元素的颜色或字体安排，徽标和图像，是设计师和工程师应该遵守的技术规则的集合体。参见第 38 页。

但是，并没有明确的规定说设计系统一定要由这些要素组成，最佳的形式会因组织、开发系统、项目和服务的不同而不同。

引入设计系统能得到什么

"什么是设计系统？""如何利用？"这些问题仍在讨论中，因为它并不是一朝一夕就能构成的。但是，引入设计系统或引入一部分设计系统，<u>能够提高团队中的交流质量，由此提高服务和产品质量</u>，它具有使工作效率化、合理化的优点。

图 5-2 设计系统配置示例

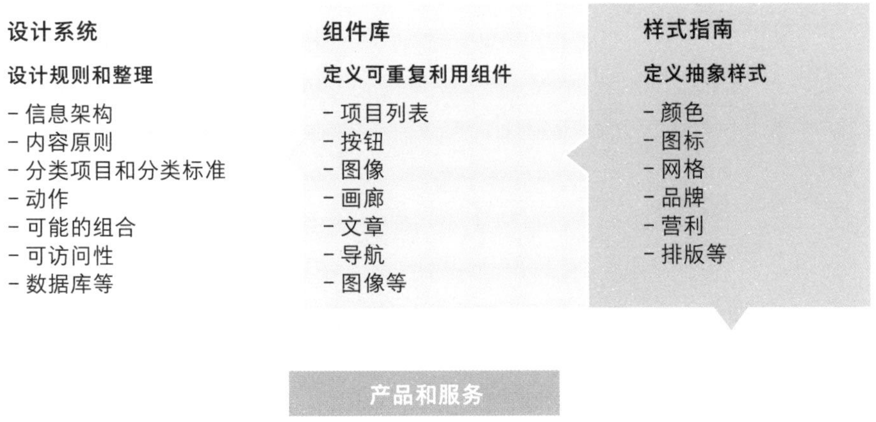

设计系统	组件库	样式指南
设计规则和整理	定义可重复利用组件	定义抽象样式
- 信息架构 - 内容原则 - 分类项目和分类标准 - 动作 - 可能的组合 - 可访问性 - 数据库等	- 项目列表 - 按钮 - 图像 - 画廊 - 文章 - 导航 - 图像等	- 颜色 - 图标 - 网格 - 品牌 - 营利 - 排版等

产品和服务

参考以下网址图片创建

参考：「Design systems，style guides，pattern libraries. What the hell is the difference?」Jby Jan Toman
https://medium.com/boomhaus/design-systems-style-guides-all-those-libraries-what-the-hell-is-the-difference-4c2741193fdc

5-1 什么是设计系统

设计系统本身就是一个产品

为了实现设计系统的真正价值,在产品和服务的开发过程中,有必要在设计系统中的关键点上加入设计模式 图5-3。

另外,无论设计系统由什么组成,完成创建一个项目或服务后,并不代表设计系统没有作用了。作为UI生态系统,如果不能连续工作,将失去原始的存在价值。

换句话说,只有设计系统本身在运行过程中发挥最大的效果,才可以称之为产品。

在发展产品和服务的过程中,可能会产生新内容或出现分歧,并且相关人员也会发生变动。即使在这样的情况下,通过利用设计系统,也可以在产生变动的同时,为用户提供一致的体验价值。

图5-3 样式指南图像

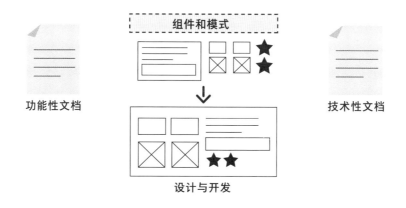

参考以下网址图片创建

参考:Everything you need to know about Design SystemsJby Audrey Hacq
https://uxdesign.cc/everything-you-need-to-know-about-design-systems-54b109851969

生态系统

从 ecosystem 衍生而来，表示生态系统。在 IT 领域用来指多种产品协调形成的结构。当用在 UI 设计和设计系统中时，它指的是各个元素之间相互依附、连锁运作的状态。

设计系统的优秀案例

将设计系统纳入自己参与的项目和服务中，大多数人会感到困惑，不知道如何入手。参考优秀的案例，应该能够将抽象的设计系统更具体地想象和描绘出来。

英国设计师、工程师 Alex Pate 在 GitHub 上发布了 *Awesome Design Systems*，聚集了世界上最好的设计系统信息。你可以看到，每个设计系统都有不同的组成部分。重要的是要用自己的方式来研究和分析这些例子 图 5-4。

我觉得用自己的方式去研究和分析这些案例，不仅要和设计师分享和讨论过程和结果，也要在团队内部分享和讨论。

图 5-4 典型设计系统组件

成果	内容
组件库	包括编码的模式和示例。作为动态设计样式指南，通常包括状态和交互行为规范。
设计套件	包括 Sketch、Photoshop、Figma 等。品牌资产、媒体工具包，主要是为设计师提供的工具。
声音和音调	提供有关如何使用语言的指导。内容样式指南、词汇表、谈话脚本和样板。
源代码	已发布的源代码、GitHub 等。

参考：Awesome Design Systems
(https://github.com/alexpate/awesome-design-systems)

设计系统是交流的通用语言

在设计系统中，有必要以团队中每个人都能理解的形式将高级概念（例如"设计原则"和品牌）落实到具体的 UI 和表达式中。

设计系统是"交流语言"

设计系统包括将设计的一些原则系统化、明确化，并将传统设计师展现的抽象领域以<u>具体流程化的形式展现出来，使除设计师以外的人也能够理解</u>。换句话说，设计系统可以使一直以来只能由设计师设计和工程师实施的专业领域"通用语言"化为可能 图 5-5。

在服务开发中，建立超越职业领域的"通用语言"被认为是未来服务设计的重要因素。

在设计师<u>前田约翰</u>先生宣布的《2018 年科技设计报告》中出现的设计师的新趋势"计算设计"中，也涉及主题 TBD（技术、商业、设计）的融合。

为项目设计系统定义，构建和运行设计系统是一项十分艰巨的任务。但是，毫无疑问，<u>创建设计系统这一过程本身将带来巨大的收获</u>。

图 5-5 为专业难题和背景设置通用语言

前田约翰

日裔美国艺术家和计算机科学家。他是广为人知的设计与技术融合领域的领军人物。他的《2018 年科技设计报告》日文版可以在 Takram 网站上查看。
https://ja.takram.com/projects/design-in-tech-report-2018-translation/

设计模式（模式语言）的思考

设计系统与"设计模式"的思想密不可分。设计模式的概念最早在建筑师克里斯托弗·亚历山大（Christopher Alexander）的著作《建筑的永恒之道》（鹿岛出版社 / 1993 年）和《建筑模式语言》（鹿岛出版社 / 1984 年）中提出。

在这些著作中，主题不是仅凭主观感觉来决定，而是将"不均匀的美"作为<u>具有具体形状的特定模式进行"语言化"</u>。例如，你可以在舒适和美丽的城市风光中找到某种特定的模式 图 5-6。

《建筑模式语言》是为没有大量专业知识和经验的人提供的指南，通过对这些模式的学习，并将其与各类案例进行对比使用，创造出具有人情味的建筑。

设计模式的概念，或者说"可重复使用的解决方案"，作为服务和产品开发中日益复杂的组织内沟通和数字化设计的指南，正重新引起人们的关注。

图 5-6 可重复使用的模式图像（参考《建筑模式语言》中的图绘制）

5-2 设计系统是交流的通用语言

如何将服务和产品的"设计"模式化

理想的设计系统不仅设计师和工程师可以参考,还包括任何参与项目的人,包括销售和市场部门也可以参考,它可以作为组织内部项目的通用语言和准则。

因此,要想建立和运行一个设计系统,就必须在组织、服务及产品中明确"好的设计",让大家都能理解和分享。然而,<u>如何让"好设计"这个抽象的概念变成一种通用语言呢?</u>

关于这个问题,《系统设计——针对数字产品实用设计系统指南》(Born Digital 公司出版)中有一个明确的回答。

在这本书中,数字设计中共享和阐明模式语言的方法分为两种类型,分别称为"功能模式"和"认知模式"图 5-7。

功能模式是"构成 UI 外观的具体元素"。换句话说,它是具有具体形状的组件,例如按钮、菜单、表单等。

另一方面,认知模式中也有构成"外观"的元素,但不像功能模式那样有清晰的形状,而是服务、产品和品牌的特征,例如颜色、版式、形状和动画等视觉表达上的抽象事物。

图 5-7 功能模式(左)和认知模式(右)的图像

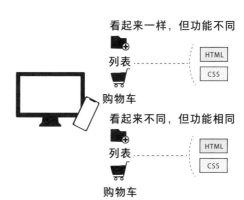

从实际安装前端的角度来看,模块(组件)基于 HTML,并且许多认知模式都是通过 CSS 属性实现的。

此外,在设计系统中,功能模式和认知模式是根据"设计原理"开发的,两者紧密相连构建了用户界面。

使用设计模式的案例

如果能明确地将模式化的材料合并到用户界面中,服务和产品的外观及功能保持一致的问题就能够轻松得到解决。

本节显示了一个企业服务所使用的模式案例,该企业服务提供支持响应式网页设计的网站和跨设备应用 图 5-8。

除本案例中看到的模式外,设计系统还包括各种模式。例如,用户流程(错误信息和成功信息同时输入表格)、专用设计模式(面向 EdTech 系统的学习模式、EC 站点模式等)和具有特殊可用性考虑因素的 UX 模式等。

重要的不仅在于模式本身,还在于如何共享、发展和利用模式。

图 5-8 设计模式的案例

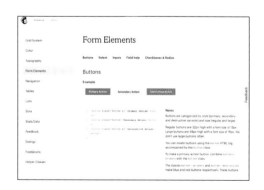

https://design.trello.com/components/buttons
http://ux.mailchimp.com/patterns/buttons

5-3

设计系统解决的问题

让我们来梳理一下设计系统，了解为何有必要升级样式指南，以及设计系统的优缺点。

传统流程低效率的一面

如样式指南（参见第101页）所示，分解设计和代码组件以提高工作效率的想法并不新鲜。但是，在过去的几年中，为服务和产品设计UI的需求已经不断递增。

传统的样式指南通常采取惯例的形式，作为印刷材料图形指南的延伸，并增加了支持大量设备的详细信息 图 5-9。

对于管理质量的首席设计师和总监来说，在严格的检查制度下根据此类样式指南进行详细检查和主观批评，这种情况并不少见。但是，这真的有必要吗？

图 5-9 繁杂的手册和指南不仅需要花时间学习，还会打消积极性

保持所有表达的一致性

在杂志和桌面上表现静态 UI 的时代已经结束，将来需要实现能够在各种设备（包括各种尺寸和结构）上优化的"交互式 UI"。

一方面，虽然也需要考虑组织和团队的规模，但在各种约束条件下，服务和品牌想要获得一致的用户体验是很困难的。

此外，UI 不仅可以包含视觉信息，还可以包含诸如文本、音调和上下文之类的信息图 5-10。具体而言，所属媒体和文章内容以及 SNS 发送谈话脚本之类的 UI，可以表达服务或品牌的"声音"，并将服务或品牌的"相似性"传达给用户。

图 5-10 通过语言化和系统化抽象元素来创建一致性

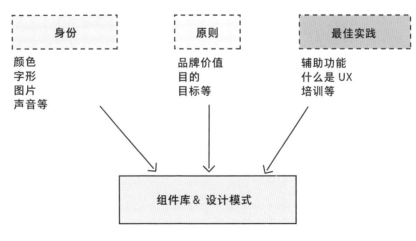

参考以下网址图片创建

参考：Everything you need to know about Design Systems jby Audrey Hacq
https://uxdesign.cc/everything-you-need-to-know-about-design-systems-54b109851969

5-3 设计系统解决的问题

引入设计系统的优缺点

这里列举了构建和引入设计系统的优缺点图 5-11。

如图所述，主要优点之一是：它解决了传统开发流程中经常出现的效率低下问题，并通过设计的抽象部分保持"跨领域的一致性"。

另一点需要强调的是，所有服务领域的成员都可以参考设计系统。

如果构成设计系统的文档、代码组件和附带的数据被存储在不同的位置，该怎么办？想要知道参考什么或在哪里参考，可能很困难。例如，团队中的新成员可能需要很长时间才能明白现状。这就违背了建立设计系统的目的。为了避免这种情况，必须对构成设计系统的元素进行集中管理 图 5-12。

图 5-11 引入设计系统的优缺点

优点	一致性	更易于实现一致的 UI，因为它由可靠且单一信息源的设计系统集中管理。
	效率	在多个产品中对同一问题采用不同的方法自然会导致效率低下，设计系统能为同一问题提供相同的解决方案。
	明晰	产品涉及的任何人都可以通过语言化的设计系统了解设计策略和准则，从而促进沟通。
缺点	扩展性	由于设计系统必须供所有参与产品的成员随时使用和参考，因此，为了整合各领域的专业知识，与各领域的利益相关者建立和谐的关系，对话是必不可少的。
	运营成本	由于将设计系统作为一种通用语言来使用，对其不断进行更新并在初始阶段进行构建将需要大量资源，因此不能将它作为一项任务，而是必须作为"产品"进行构建。
	学习费用	不仅需要专业领域的封闭知识，还需要有关技术和业务的跨领域知识，以及使设计系统从建设到运营的战略和规划。

可以将设计系统用作通用语言并提高沟通质量，不仅可以优化业务，还可以将创建的时间用于更高层次的讨论，以扩展服务。

到目前为止，我们已经讨论了设计系统的价值和便利性，但设计系统也有缺点。

建立设计系统本身十分复杂，为了让每个成员了解"如何操作"和产品的原始价值，需要团队内部进行高水平的沟通。

首先，任何人都不可能独自创建"设计系统（产品）"。那应该怎么办？这点会在下一页中详细解释。

图 5-12 集中管理，任何人都可以参考

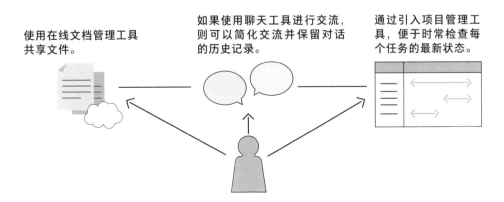

5 - 4

查看用户界面系统化案例

设计系统化方法最简单、最有效的案例是用户界面系统化。让我们看一下作者参与的项目案例研究。

当速度成为第一要务时，会发生什么？

以长时间运行的服务中容易产生的问题为例。许多商业服务开发都会不断反复使用各种优化功能和提高服务的措施，但是由于优先考虑速度，结果导致新旧设计准则都被抛在后面。最终陷入开发基础不稳定从而导致新旧代码混乱的情况 图 5-13。

随着新旧代码不一致的问题数量增加，不一致和可复用性差的问题越来越明显，导致维护成本高。通过重新定义设计准则并重新创建所有内容，也许可以解决问题，仅是一部智能手机都需要超过 100 页的服务项目来进行全面更新，这将花费大量时间。如果尝试在这种状态下进行 A／B 测试，则根本不可能完成。

建立跨学科对策小组

一个适合解决这些问题的方法是与**跨职能团队（例如设计师和工程师）合作**。

图 5-13 以项目的 UI 为例

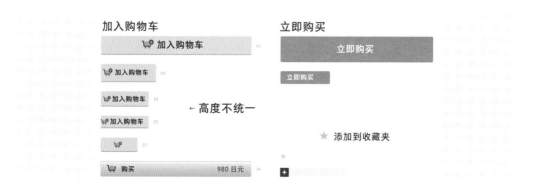

知识

指学识、见解、信息等。

瀑布模型

软件等的开发模型。实施和测试等过程从上游到下游按照一个方向进行，就好像水在流下一样。基本上不会考虑从下游工程返回到上游工程。

到目前为止，业内已经针对每个区域设计了局部措施，但是许多措施都失败了。过去，仅限于未使用的样式指南和严格的规则，但近年来，随着 Sketch 和 Figma 等设计工具的发展以及<u>知识</u>的传播，协作变得更加容易，<u>不仅是表层设计，解决实际代码中的问题也变得相对容易了</u>。

实现可重复使用和透明运作

在这种情况下，问题在于设计师和工程师之间分工的问题以及知识的脱节 图 5-14。最初，服务中的每个页面和 UI 部分的设计数据（Photoshop 文件）都是单独管理的，HTML 和 CSS 也是作为乘法公式单独存在的。由于固定的订单格式和操作规则，这种<u>瀑布式</u>工作流程已经存在了很长时间。这既需要参与成员对工具的熟练程度，也需要参与成员对基础服务实施知识的了解。

图 5-14 各领域的分工和知识脱节

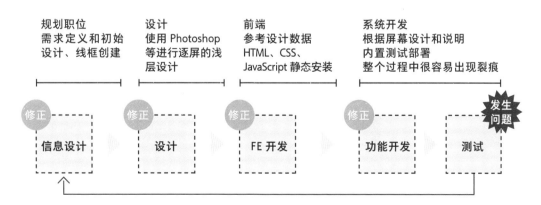

5-4 查看用户界面系统化案例

掌握整体，认识模式

在大多数情况下，设计师和工程师对"组件"一词有不同的定义。"组件"的定义是以功能单元为单位，定义的颗粒度也各不相同。在某些情况下，只有对产品有完整了解的有经验的设计师或工程师才能明白是什么样的问题导致了某部分不在"理想状态"。

为解决这些问题，可以创建并利用"UI 清单"。

"UI 清单"是一个组件目录，它总结了服务的 UI 组件、交互作用、使用方法等。也称为"用户界面清单"或"组件清单"。你可以简单地保存整个屏幕的截图并粘贴，也可以按部分或类别进行排列和分类 图 5-15。在本案例中，是利用 Figma 完成的，但是在纸上打印也很有效。这种方法的优点是可以建立共识，同时提高所有成员的学习水平，因为对话实际上是实时进行的。

图 5-15 Figma UI 样式清单示例

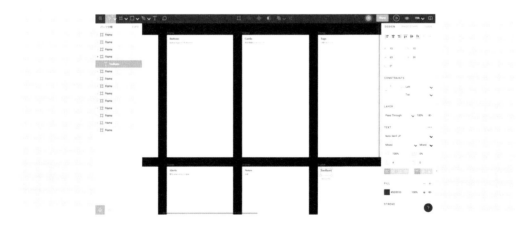

资料来源：有关尝试解决 DMM 视频服务问题的文章（样式指南篇）
https://inside.dmm.com/entry/2018/07/05/styleguide

Figma

UI 设计工具。由于其在网页浏览器上运行,因此可以在任何环境或位置使用,也可以导入 Sketch 和 Adobe XD 文件。

Sketch

广泛使用的典型 UI 设计工具之一。

可以在大屏幕上使用 Sketch 进行相同的操作。

组件分类方法

关于设计元素的精细程度总是会有很多争论。由于不是临时设计数据,也不与实现代码相关联,不必过分执着于此,要冷静下来重复讨论拆分、组合、集成等问题,以加深对服务和 UI 组件的理解 图 5-16。组件分类的程序如下:

1.大致确定组件的分类并创建框架(画板);
2.把符合分类的组件粘贴上去;
3.由多人复查并纠正分类错误;
4.重复步骤 2 和 3;
5.审查并反馈给利益相关者;
6.对照执行代码进行检查。

图 5-16 Figma 上的组件分类

来源:有关尝试解决 DMM 视频服务问题的文章(样式指南篇)
https://inside.dmm.com/entry/2018/07/05/styleguide

5-4 查看用户界面系统化案例

样式排序步骤

在此阶段，字体大小和颜色等样式不一致，将基于 UI 清单使用 Figma 对样式进行排序 图 5-17。对于数据的创建和管理，建议使用 Figma 或 Sketch 管理。

1. 选择你想要保持一致风格类别的样式，并创建一个框架；
2. 根据 UI 清单收集符合样式类别的样式；
3. 集成相似的样式以定义用法和规则；
4. 根据 3 中定义的规则为现有页面创建一个样本；
5. 由多人复查，并纠正任何不合理或矛盾之处（当前正在执行此步骤）。

重复步骤 3~5。

创建样式库

"样式库"可以将到目前为止的 UI 清单成果作为团队的共享资产传递给工程师和主管。

图 5-17 通过 Figma 实施的 UI 清单进行样式排序

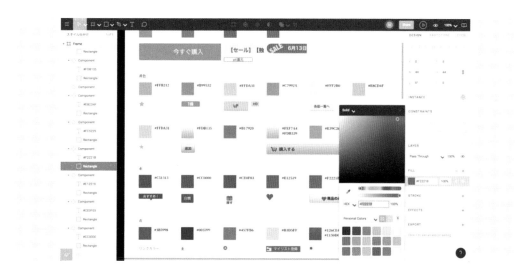

来源：有关尝试解决 DMM 视频服务问题的文章（样式指南篇）
https://inside.dmm.com/entry/2018/07/05/styleguide

将 UI 清单归纳到某种程度后，在前端工程师和其他熟悉实装的成员帮助下，对照实装代码进行检查。目前，它还不具备"理想的分类"和"理想的结构"，但我们能清楚地知道在实装 UI 清单的过程中哪一部分是不需要的。通过逐步将它们与实际安装代码同步，可以运行的实时样式库就完成了。

解决前端方面的 UI 操作问题

为了管理案例研究中的组件，我们采用了一个名为 Storybook for vue 的工具，该工具可用于对组件进行分类、在浏览器中编辑实际代码和参数，以及检查渲染结果。Storybook 是一个 UI 开发环境，可以在其中查看和测试载入的组件。可以将设计组件作为一个构成要素进行管理（资产化），并反复进行调查—实施—发布，在较小的范围（UI 清单组件单位等）中重复改写 图 5-18。

图 5-18 使用 Storybook 管理组件

来源：尝试解决 DMM 视频服务（组件篇）问题的文章
https://inside.dmm.com/entry/2018/07/12/components

5-5

制造"机会"构建设计系统

这里介绍规划设计系统构造的一些技巧,在整个过程中努力使学习效果最大化。

对问题的统一认识

即使只把制作一个空白的设计系统作为目标,其影响范围和需要的努力也是巨大的。最困难的莫过于单单推广一个理念。<u>创作只对设计师有利的东西是没有意义的。</u>

建立设计系统的动机是为了拥有能够持续运营和增长的产品和服务。

参与开发的成员有前端工程师、后端工程师、总监、销售等众多利益相关群体,每个人都有自己的挑战。例如,由于 UI 中存在不统一的代码导致管理成本高,向每个服务的客户发送的消息中的语调和方式不一致。根据规模的不同,问题主次会有不同,但问题的数量一定不会少。

让组织认识到你的努力的价值

目前仍然很少有组织拥有无缝的开发系统或与产品经理建立了扁平化关系。要让人们认识到非营利性工作的价值并不容易,而设计系统本身并不能直接带来"戏剧性"的用户体验改进。<u>这里强调了在这种情况下可以吸引人的三点</u> 图 5-19。

这样一来,当量化结果简单地转化为运营优化、效率提升或每项任务的环节时,就会变得更加清晰,也更容易得到部门组织的评价(比如强调量化指标作为评价的组织)。从本质上讲,追求这些量化结果的过程会产生很多学习效果和二次效益,对解决服务业中的技术债务等显性问题有很大的促进作用。然而,由于"问题"因每个领域的角度不同而不同,因此,重要的是要有一个针对目标的流程图。

图 5-19 符合利益相关者任务分工的协作实施

问题例①	设计文件的管理非常烦琐，导致人力和时间成本高。因此，创建一个新的设计模式或新的页面需要花费很多时间。
优化措施	建立并利用一致的样式库。
实施结果	* 我们能够在不到一天的时间内提出建议，过去设计一个新的页面需要两个工作日，现在编码交接的过程变得更加顺利。 * 通过按组件整理和管理设计文件，降低了管理成本。

问题例②	由于 UI 库和代码库未关联，因此监督成本很高。 在安装代码时，BUG 较多，粗心大意的错误也较多。
优化措施	操作、安装与代码关联的 UI 库。
实施结果	* 在更新优化服务时，顺利进行监督检查。 * 降低监督成本，提高准确性，组织和整合了管理与规格。 * 发布后的错误和粗心大意的错误减少了，不必要的代码和部件也被删除了。

问题例③	设计过程变得过于个性化，运营成本和环节浪费太大。
优化措施	通过设计模式，我们可以避免过度个性化，重新审视各个环节。
实施结果	* 由于已经形成的设计模式可以由非设计人员操作，因此可以以较低的成本再现具有一致性的 UI 设计。 * 业务的优化使得重新分配环节成为可能，过去由三个人承担的工作现在可以由一个人完成。以前需要三个人的 UI 修改工作，现在一个人就可以完成。

5-5　制造"机会"构建设计系统

次级优化

在提出设计系统的理由时,很多讨论往往集中在量化上,重点是提高效率和降低成本。但当然也还有其他重要的方面需要考虑。

规模品牌统一

<u>即使是相同的服务,也可能被视为不同品牌的不同产品</u>。拥有一个高效的设计系统,即使你的设计人员发生变化,也能确保客户的体验一致。

视觉一致性

设计是语言的一种形式。我们通过设计传达产品的核心模型。具有一致性的视觉表现有助于人们更快地学习用户界面。

为团队营造一种知识共享的文化

共享语言是协作的基础,它为团队提供了工具和访问权限 图 5-20,使大家能够在彼此工作的基础上进行改进,而不是从头开始。

Airbnb 服务开发案例中表明,只需将组件集中在一个地方即可提高生产力。之后,利用该资源库便可极大地提高生产率。

图 5-20　分享知识和创意价值而不是提高运营效率

Airbnb

提供有关"民宿"信息的网站、网络服务,来自世界各地的人们都通过此网站租房屋及旅馆。
https://ja.airbnb.com/

当实践也不起作用时的"组织模式"

在5-4中我们介绍了"UI清单"(参见第122页),像这样在你的组织或团队中引入新的想法是非常需要勇气的。5-2中我们介绍了"模式语言"(参见第113页),近年来在组织设计方法中的应用也越来越多 图 5-21。当你觉得自己陷入某种问题或挑战碰壁时,为什么不尝试一下呢?

"模式语言"是成功的"秘密",即将所谓的"经验法则"语言化后的产物。通常将其称为"实践知识""感觉""诀窍"等,其思路是将隐性知识转化为建设性资产,根据"情境"提取出在这些问题的成功案例中反复出现的"模式",并以"语言"的形式表达出来。在构建设计体系的过程中,如果不积累一些小的成功,就不可能解决大的问题。

建立设计系统只是一种方法,但这不是立即进行重大更改的目的,而是需要一种策略通过设计协作来创建良好的服务和良好的团队。

图 5-21 作者所在公司的实践交流案例

在《拥抱变革:从优秀走向卓越的48个组织转型模式》一书中(请参见第122页的专栏)称为《无畏之旅游戏》

专栏

如何让更多人参与"新"活动？

新尝试无法立即被接受

你号召团队合作，或者提出建立一个设计系统，或者引进一个工具，并把"改善团队现状或提升服务"的愿望放在第一位，但可能会因为你的意图没有如愿传达给身边的人而最终筋疲力尽。在一个项目或团队中，你是唯一的设计师，或者发现自己在一个混乱的开发环境中不断地忙碌，这种情况并不罕见。

第121页介绍的组织模式也可以用作解决此类问题和促进组织改革的有效沟通模式。

在从事软件模式研究的 Linda Rising 的著作《拥抱变革：从优秀走向卓越的48个组织转型模式》和《从1到100，用心求变：你我都需要的63个持续改进与提升策略》中，阐述了很多个人克服"焦虑"并促进组织改革的成功秘诀（模式）。

从细微的挑战开始

当你在组织中尝试新事物时，周围的人不一定会马上同意你的观点，甚至从一开始就很少有人表示同意。对于组织或团队而言，靠自己发起和推动行动，带来或大或小的变化，并不容易，设计系统也不例外。

Linda Rising 的书表明，这些新尝试并不是依靠特定能力，例如个性、驱动力和突破力推进，而是从小的挑战开始，逐渐带来变化，这种系统方法适用于每个人。

如果你有兴趣，请尝试书中讲述的模式。把这些与自己的案例进行比较，当积累了一些小小的成功时，逐渐开始创造自己的原创模式吧。

*《拥抱变革：从优秀走向卓越的48个组织转型模式》Linda Rising（丸善出版 / 2014）

06

团队协作
完成设计工作

与整个团队合作进行设计工作,
不只是共享设计师创建的可交付成果,
分享优化过程本身的益处也是无法估量的。

6-1

为何要团队协作完成设计工作

网页服务的使用场景日益多样化，例如智能设备和 IoT 市场的扩展。考虑到这一趋势，协同设计工作具有重要意义。

设计新的"体验"

正如本书始终指出的观点，服务和产品的 UX、UI 设计不再仅由设计师负责，所有成员都要参与服务或产品所涉及的思考。

"设计"服务或产品不仅涉及设定外观并将其进行可视化，而且还提供更有价值的用户体验。因此，团队成员有必要从各自的角度讨论和验证商业架构及技术方面的问题 图 6-1。

当前，大多数 UI 设计是利用台式计算机、笔记本电脑和智能设备通过网页服务、网站和应用程序提供给用户。随着 ICT 和其他技术的发展，UI 设计可能会变得更加多元化和多样化。

图 6-1 超领域的对话

ICT

信息通信技术（Information and Communication Technology）的缩写。

商业架构

又称"商务架构"。"架构"一词来源于 architecture 一词，意思是建筑物或结构。它是一个抽象概念的框架，可以系统地表达用户（顾客）、产品等物理事物，以及其他构成商业活动的元素。

在这种情况下，用户使用服务、产品的过程和接触点将与传统服务平台的体验截然不同，且越来越复杂。这些变化从最初的设计阶段就对功能和规格产生了巨大影响，这也要求我们必须更加重视跨学科的对话。

在我们的生活中，每天都在开发新技术，并且生活中的环境将发生巨大变化 图 6-2。在这种情况下，设计用户体验的"UX 设计"和设计用户界面的"UI 设计"会紧密相关。

随着界面的多样化，UI 设计的应用范围得到了扩展，设计人员和工程师将学到更多新事物，但是无论使用何种创新技术，如果产品不是<u>能让用户"轻松实现目标"的服务，那么将无法得到价值的提升</u>。因此，作为接触点的 UI 设计对用户的一系列体验非常重要。

图 6-2 使用户界面多样化的案例

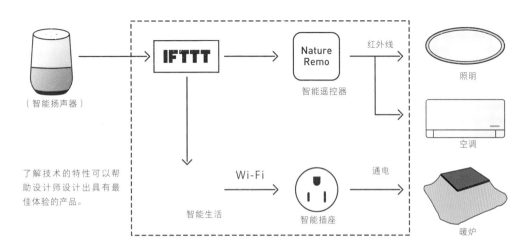

6-1 为何要团队协作完成设计工作

用法因观点而异

无论新技术或新工具有多好,如果不及服务或产品提供的现有体验,也不会有太大的作用。甚至有可能到项目结束时都找不到优化的线索。**在团队内始终分享用户、场景目标、提供体验价值的愿景**,就可以顺利进行项目的开发,在实时对话的同时,也使得创造高价值服务成为可能。**用户体验设计是每个参与项目的人都需要了解的**。然而,同样重要的是,根据每个人角度的不同,对用户体验设计的意义、理解和使用也会有所不同 图 6-3。

从商业角度,用户体验设计是使营销效率最大化的活动。

从产品角度,UX 设计主旨是提高产品质量。重点在于特定产品的"使用",这可以看作是提高可用性的一种尝试。

从用户的角度,UX 设计需要用户的主观评估,例如访谈和问卷调查这样的定性评估。

要边理解这些观点和背景差异,边进入 UI 设计阶段。

图 6-3 随视角变化的 UX 概念和用法

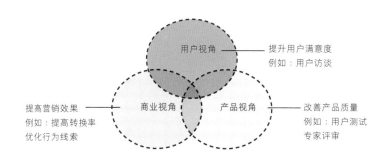

敏捷模型

一种开发方法，该方法不会将系统开发过程分为瀑布模型的大单元（参照第113页），而是以小单元重复"迭代和测试"。

HCD 流程

开发过程被称为"以人为本的设计（Human Centered Design）"。它是有国际标准的，在本书撰写时，最新版本为2010年的"ISO 9241-210"。

传统设计工作面临的挑战

"用户体验十分重要"已经是大家耳熟能详的事。是否能够为用户提供较高的体验价值直接与产品的价值和质量有关。

传统上，大多数服务和产品的设计工作仅由"专家"和设计师执行，并且该过程长期以来一直处于黑盒状态。

但是，以**敏捷**软件开发为代表，具有跨行业、跨领域技能的成员迅速将项目的 PDCA 转变为主流，可能存在与传统类型不匹配的情况，例如方法与开发的周期不匹配，并且在诸如深度用户体验研究和用户测试等研究阶段花费大量时间。

UX 设计中使用的开发流程称为 HCD **流程**，旨在提高用户和利益相关者的满意度。HCD **流程**中的迭代方法和用于评估的设计流程与现代开发方法（例如敏捷开发）中使用的 PDCA 循环具有相同的意义 图 6-4。

从这个角度看，敏捷开发和 HCD 流程似乎是兼容的，但实际上二者的文化内涵是相反的。因此，传统的 HCD 设计工作流程需要调整 UX 设计部分以进行适应。最近，也有人采用了部分轻量化的方法，并进行了一系列讨论。

图 6-4 HCD 流程（ISO 9241-210）和传统工作技术

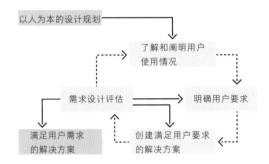

阶段	内容
1. 了解并明确使用状态	问卷调查、访谈、现场调查、民意调查等
2. 明确用户和组织要求	用例图（UML）、心理、方案等
3. 为用户和组织创建解决方案	原型设计、卡牌剑术、认知演练等
4. 评价	可用性测试、整体评价、性能测试

6-1 为何要团队协作完成设计工作

适应现代发展风格

近年来,无论客户工作还是内部服务开发,许多开发站点都审查了瀑布式(参见第113页)开发样式,并采用了敏捷软件开发的思路。该思路使项目的 PDCA 能够更快地转变。这些趋势对服务和产品的设计工作方式有很大影响。

这种方法即"平行轨道法",减少了传统 UX 设计和设计组件的浪费,并且设计 UX 和 UI 的工程比开发更加先进 图 6-5。

不像传统的 UX 设计过程要花四周时间来进行调查,也不是在 UI 的每一个细节都得到解决者的确认后才开始项目,而是以设计为导向,配合开发工作周期,通过设计研究方法,引入原型设计,使项目逐步完成。

这样就可以尽早发现致命缺陷,例如产品无法满足用户的需求或最终产品难以使用,让各个利益相关者和团队成员都达成共识并全心投入该项目。这只有在理解团队"设计协作"下才能实现。

图 6-5 将轻量级 UX 设计集成到开发中

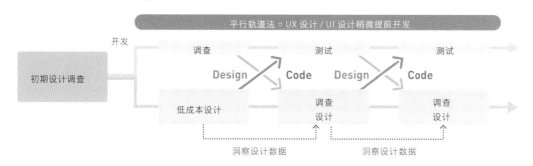

UX 设计无法单独实施

将 UX 设计的思想纳入服务和产品的开发中具有重要意义。但是，对 UX 设计的深入了解需要非常广泛和复杂的知识 图 6-6。

尽管新技术和相应的界面层出不穷，但使用服务和产品的仍然是"人"。如果是这样，则服务和产品在很大程度上受使用国家或地区的文化影响。

而且，人类在有意识或无意识中做出的决策总会带有一定的偏差。不仅对于用户，对于创建者也是如此，需要诸如心理学之类的知识才能理解这些非理性人类行为。

此外，通过可用性测试收集到的数据，可以通过统计分析，并与实际测试进行交叉检查，从而使开发现场的管理层做出明确的决策。

实践 UX 设计所需的知识和信息对于一个设计人员来说太过庞大了。因此，除了作为一个团队进行"协作"外，还必须要具有"共同学习"的态度。

图 6-6 支撑 UX 设计的各种知识

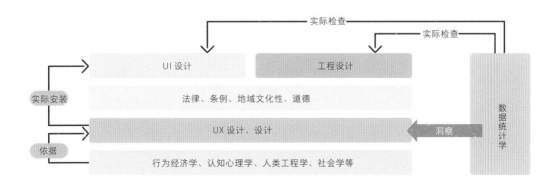

6-2

尝试接触 UX 设计

"UX 设计"是一个非常全面的概念。根据你在团队中的位置,你可能会以稍微不同的方式来看待它,下面让我们来看一下本书中的"UX 设计"。

UX 的定义是什么

让我们再次回顾 UX（用户体验）的定义。通常可以将"UX"替换为"用户体验"和"用户反应"。制定于 2010 年的国际标准 ISO 9241-210 指出："用户体验是在使用产品、系统、服务或预测规格时发生的感知或反应。"

换句话说,<u>它表示目标事物（系统）与人（用户）密切相关的情境（环境）</u>。UX 是一个综合性的概念,包括个人的主观性、产品使用的生命周期和经济领域,以及质量特性和敏感性 图6-7。由于个人的主观性,我们倾向于仅对结果进行范围划分,然而,通过反复检查、验证、揭开结果的原因,就可以了解有助于提高用户体验（用户满意度）的系统。

图 6-7 具有复杂学术背景的用户体验

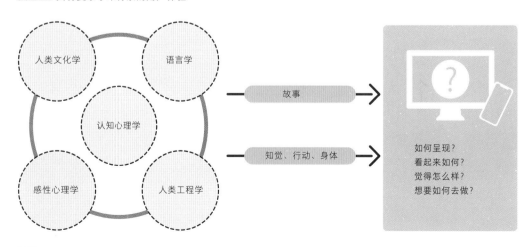

UX 中的时间概念

UX 概念的一个典型案例是通过将其分为多个周期（时间）来进行解释。共分为四类：接触特定的系统或产品之前（使用前）、接触期间（使用中）、接触之后（使用后）以及接触一段时间之后（整体使用）图 6-8。通过将其定义为"使用阶段"，可以调整产品和用户的状态。这也与战术原型和用户旅程图的规划阶段相关。

其中，使用前的阶段可能还会显示接触产品之前的过程。请记住，过度关注服务和产品，可能无法在易用性和实施性方面发现重大问题。

图 6-8 UX 中周期（时间）的概念

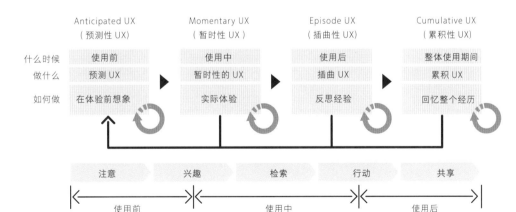

来源：参考"UX 白皮书（日语版）"中的图进行了修改（http://site.hcdvalue.org/docs）

6-2 尝试接触 UX 设计

产品和用户界面的可用性

可用性描述了产品在用户使用和环境等方面的"易用性"图 6-9、图 6-10。易用性通常被定义为 UX 概念的重要组成部分。

雅各布·尼尔森（Jacob Nielsen）博士在 1993 年左右提出的"可用性工程原理"把系统作为一个上层概念，注重从系统的角度进行整体评价，比如每个用户使用系统的方便程度。

易用性定义

1998 年基于此制定的国际标准 ISO 9241-11 侧重于用户的角度，而不是系统的角度。

图 6-9 什么是易用性

图 6-10 可用性研究

效率优势	一旦用户掌握，以后的工作效率就会更高，可以更加有效地使用。
便于记忆	非常规用户即使在一段时间内不使用该服务，再次使用时也可以轻松地使用，无须再次回忆使用方法。
错误	系统的出错率要低，这样用户在使用过程中就不可能出错。即使发生错误，也能够轻松恢复，并且不会导致致命错误。
主观满意度	系统必须满足用户的个人喜好并让其能够按照自己的想法尽情使用。

可用性测试

也称为"用户测试"。是一种让用户实际操作产品和服务并通过观察其行为来评估"易用性"的方法。本书第82页也有介绍。

专家评审

通过让该领域的专家试用产品和服务并进行反馈，检验假设并确定需要改进的研究方法。本书第96页也有介绍。

除使用状态外，此定义还包括有效性、效率和满意度3个部分，因此它包含了更主观的评价 图 6-11。可用性可以定义为特定用户在特定情况下使用产品来实现特定目标时的有效性、效率满意度。

可用性评估

有两种类型的可用性评估："**可用性测试**"（受试者实际使用产品或原型）和"**专家评审**"（经验丰富的专家对其进行评估）。这些是定性调查方法，但也有问卷调查等定量调查方法。

特别是对于可用性测试，不可能单独指出产品的所有易用性问题，所以重要的是同时进行专家审查，并结合专业技能进行调查和分析。

图 6-11 易用性的定义

有效性	用户完成指定目标的准确性和完整性。
效率	用户实现目标所用的资源。
满意度	使用产品时不会感到不适，或抱有积极的态度。
使用状态	用户、工作、设备（硬件，软件等）以及产品的物理和社会环境。

6-2 尝试接触 UX 设计

从 UX 蜂窝中看到的易用性

此处是信息体系结构领域的创始人之一的 Peter Morville 提出的称为"UX 蜂窝"的结构模型 图6-12。

它是用户在6个评估轴上的"有价值的体验"的分类,通常用于解释 UX 的具体含义。

在 UX 蜂窝中,以用户感觉到的"价值"为中心,6个评估 UX 的评估轴位于其周围。通过实现这6个要素,可以创建对用户有价值的体验。

不仅是"价值",所有6个要素(例如"有用""让人喜爱的"和"使用简单的")都是从"用户的角度"出发的。

图 6-12 UX 蜂窝

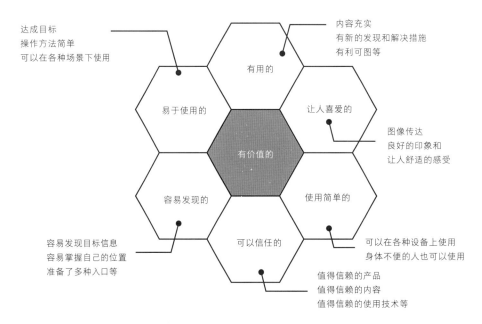

参考:Btrax 中的《UX 蜂窝——正确的 UX 设计质量评估方法》(Brandon K. Hill 著)
https://blog.btrax.com/jp/ux-evaluation/

在创建服务和产品的每一个过程中追求和塑造"用户视角"将能创建更好的UX。

UX 金字塔的可用性

"UX 金字塔"将 UX 蜂窝的七个组成部分（包括价值）分为三个等级 图 6-13。

在这个金字塔中，位置越高，满意度就越高。可以看到，体验服务或产品之前和之后的"易用性"和"易于搜索"是用户使用的最低条件。

图 6-13 UX 金字塔

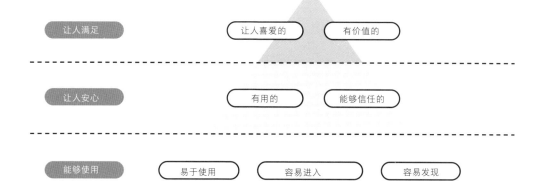

参考：Btrax 中的《UX 蜂窝——正确的 UX 设计质量评估方法》（Brandon K.Hill 著）
https://blog.btrax.com/jp/ux-pyramid/

6-3

战术原型设计的实践方法

在原型设计中,让我们从产品的角度来看"战术原型"。

两种原型设计

Rachel Hinman 的著作《移动互联·用户体验设计指南》提出了两种原型设计方法:一种是主要与设备相关的"产品视角",另一种是使用它们的"故事视角"图 6-14。前者称为"战术原型",后者称为"体验原型"。

在最近的原型设计中,随着专用工具(例如 InVision 和 Origami Studio)的出现,很容易从产品的角度将原型想象为产品或服务的原型。需要注意的是,在计划和开发的每个阶段创建的可交付成果与预期的验证内容之间存在很大差异。

什么是战术原型

基于故事的原型能够提供一系列过程的整体视图,而不是提供对实际产品的部分操作。

图 6-14 两种原型设计

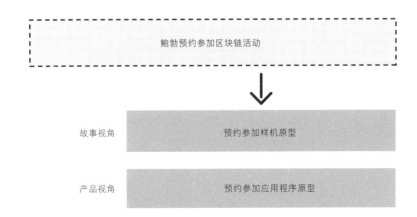

InVision

全球流行的原型设计工具。

Origami Studio

脸书提供的原型工具。

根据6-2（参见第131页）中介绍的UX中的周期（时间）概念分析模型，不仅可以提供瞬态值、实用功能，提高用户体验满意度和整个产品的质量，还可以在开发过程中对团队中的任务进行优先级排序。

原型具有两个方面，都需要提前考虑场景后使用。首先，让我们一起假设"谁将提供什么"以及"如何提供"图6-15。这能让利益相关者更容易根据使用场景（例如应用程序或网页视图）<u>来设想使用情况是否将更接近于预期的使用情况</u>。典型的战术原型之一，是使用创建临时假定用户的"角色"、可视化场景的6步草图以及旨在分析用户使用服务的一系列行为的"用户旅程图"。

图6-15 战术原型示例（6步流程图）

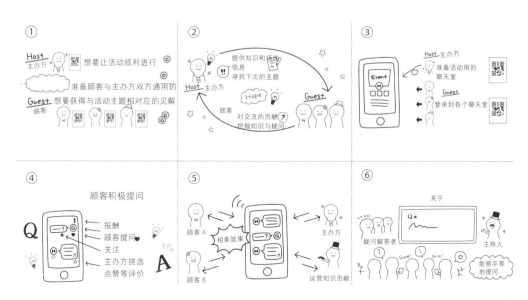

6-3 战术原型设计的实践方法

案例 1：实用角色

通过累积定量数据和用户访谈，针对用户画像，提取和定义服务，构建使用角色，大约需要 1~4 周的时间来创建。

另一方面，只需要根据开发者的假设写出实用角色的有限信息 图 6-16。这个人设基础会被检验、更新，可以参考相关人员和熟悉的标签来创建。

这是一种 UX 设计工作的轻量化方法，可以通过加快测试周期并进行更新来解决。一个人制作一个实用角色大约需要 1 小时，并且要写出相关的信息 图 6-16。可以在 A4 纸上手动创建。写出潜在的需求和痛点（不满意的地方等）是为了激发用户的本能挑战和欲望，并且这对服务和产品的概念制定和功能优先级有很大的影响。

图 6-16 实用角色格式示例

插图、名称	行动相关信息
鲍勃（32 岁）工程师，住在东京	* 已婚，有两个孩子，分别为 9 岁和 5 岁，十分可爱。陪伴家人的时间很重要。 * 前端工程师。对区块链技术和虚拟货币感兴趣。 * 对学习充满热情，旨在为自己和家人发展事业。
需求与痛苦	需求与潜在欲望
* 因为很怕生，所以不擅长上网，也无法进入社区。 * 对学习充满热情，善于投入，但不擅长超越。 * 感到后悔的是，即使有疑问，也无法立即举手或发出声音。	* 由于没有太多机会参加研讨会和学习会议，所以想参加一些优质活动。 * 想知道行业和其他人感兴趣的热门主题及事物。 * 想从宝贵的机会中学到更多。

这是一个重要的项目，在分析用户旅程图时，可能有机会注意到意外之处。可以说，该方法在短时间内有一定程度的准确度，对构造信息是有用的。

案例 2：创建用户方案

当你把用户和使用场景想象出来时，则可以创建"用户旅程图"。"用户旅程图"可以分解这些元素来绘制用户的一系列移动体验路线。但是，用户旅程图通常由多方完成，因此建议预先准备一个基于文本的方案作为框架 图 6-17。

由于场景可以在一个体验轴上具有多种模式，因此要写出多个场景，而不是寻求完美或理想，这十分重要。描述方式上，最好可以表达出角色的情感，而不是简单地写出事实。

图 6-17 基于文本的方案创建

* 我对熟人的 SNS（社交网络服务）发布的社区活动主题感兴趣。
* 我正好赶上当天的接待时间，但因为座位很少，所以我坐在后面。
* 看着参会者在标签上的推文，我感到这次会议非常激动人心。
* 小组讨论开始了，有一个问答环节，但我有些害羞，无法举手。
* 在交流会上有很多陌生人，我无法加入其中，所以我向熟悉的成员打过招呼后就回家了。

案例 3：用户旅程图（ASIS）

一旦可以想象用户和使用场景，就可以创建用户旅程图，通过分解这些元素来分析当前情况。用户旅程图是将用户实现目标所需的空间和时间，即可将旅程中的一系列体验可视化图 6-18。它的不同之处在于，可以写成一个故事，也可以将其分解成若干元素，进行整理。

通过同时使用这两种方法，可以明确用户想要解决的基本问题，并且可以更轻松地提出解决问题的想法。在创建研讨会时，让与相关人员关系密切的成员参与进来会更有效。

根据服务的不同，用户有可能具有多个属性，并且在多数情况下，正在使用当前服务的用户与将来希望增加的用户完全不同。让我们重复假设、测试，尝试各种形式吧。

图 6-18 用户旅程图示例

角色	主人公：鲍勃		目的：参加会议		需求：从宝贵的机会中学到更多知识
阶段	认知	活动到场	会议进行中	小组讨论	活动后
行动剧本	从熟人那里得知交流活动会，对主题产生了兴趣。	正好赶上当天的接待时间，但因为座位很少，所以坐在后面。	看着参会者在标签上的推文，我感到会议非常激动人心。	小组讨论开始了，有一个问答环节，但我有点害羞，无法举手。	在交流会上，有很多陌生人，我无法加入其中，所以我向熟悉的成员打过招呼后就回家了。
工具	PC/SP/SNS	SP 活动应用程序	PC/SP/SNS	PC/SP/SNS	Sp/ 名片等
场所	家中/职场	活动现场	活动现场	活动现场	交流现场
感情	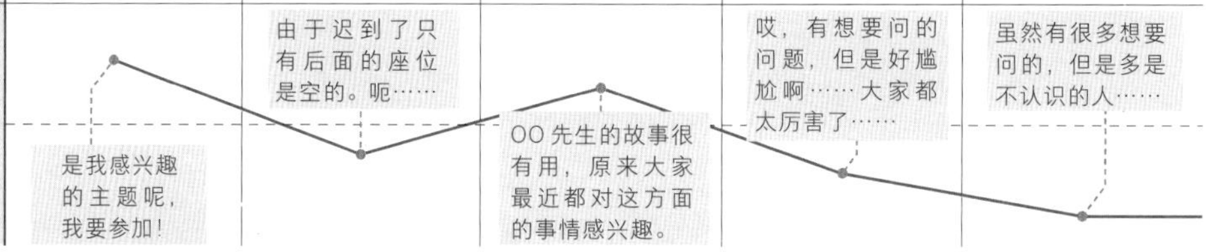 是我感兴趣的主题呢，我要参加！	由于迟到了只有后面的座位是空的。呃……	OO 先生的故事很有用，原来大家最近都对这方面的事情感兴趣。	哎，有想要问的问题，但是好尴尬啊……大家都太厉害了……	虽然有很多想要问的，但是多是不认识的人……

案例 4：情节提要

为了使产品的体验具有说服力并易于传达给第三方，原型设计需要阐明 5W1H 并将其转化为分解的要点。这是一种称为"情节提要"的方法，有相应的格式 图 6-19。与用户旅程图一样，需要定义并填写与时间轴匹配的步骤和阶段。根据所表达的经验，可以增加或减少步骤的颗粒度。

布置好场景后，就可以推导出相应的用户操作和接触点，然后再与功能需求进行连接。可以在此处绘制用作经验性原型模板的粗略草图和线框轮廓，以定义前端的 UI 设计组件。故事板是整合功能需求和 UI 设计并在团队中协调意识的一种计划方法，要善加使用。

图 6-19 故事板格式示例

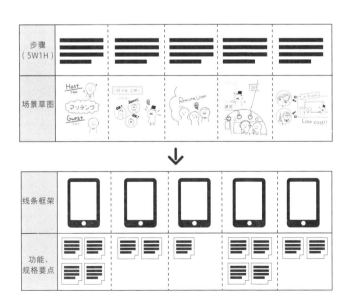

体验性原型设计的实践方法

抽象度和分辨率是通过"体验原型"获得高度准确反馈的关键,该反馈有助于实际接触并在视觉上重现"体验性原型"。

什么是体验性原型

体验性原型是指纸质原型或使用线框的原型,它是我们创建的一个具体的可触摸的图像图 6-20。

初期设计过程中制作的线框和纸质原型是高度抽象的,评价者的兴趣点与设计者制作的图形设计数据不同。

图形设计原型在概念制作和品牌设计中作为视觉样本使用,不应该在开发过程的早期使用。最好根据这些原型的抽象程度,学习有效的反馈循环规则。 关于这些过程的更多信息,请参见**凯西·塞拉**的《不要让原型看起来像成品》(Don't make the Demo look Done)。

图 6-20 体验原型的样本

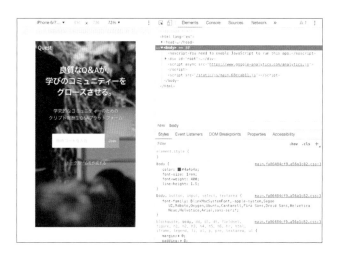

凯西·塞拉（Kathy Sierra）

美国程序和游戏开发者。可以在下方资源中找到《不要让原型看起来像成品》（Don't make the Demo look Done）。
https://headrush.typepad.com/creating_paionate_users/2006/12/dont_make_the_d.html
* 日文版（青木靖译）
http://www.aoky.net/articles/kathy_sierra/dont_make_the_d.htm

评估点因抽象程度和"分辨率"而异

这也适用于用户测试，向终端用户展示原型，无论你做了多少假设，视觉信息总会出现在用户的视野中，他们总会感到好奇。一个精心设计的原型包含的信息比我们想象的要多，诸如字体类型、按钮颜色、背景颜色使用情况、布局。文本、标签的印刷波动和印刷错误之类的肤浅信息会使你难以专注于最初希望达到的目标和获得的反馈。

另一方面，在高度抽象的原型中，如 Paper Prototype 类型，用户可以直接地指出基本问题，作为需要改进的项目，同时提出他们的问题和需求 图 6-21。

图 6-21 评估点因抽象程度和真实度而异

类型	真实度	使用工具
草图原型	低	模拟粗略草图
纸质原型	略低	线框等
演示原型	略高	视觉样本
互动原型	高	服务使用、实施代码

6-4 体验性原型设计的实践方法

重新思考"手工制作"的重要性

纸质原型是使用由"纸"制成的原型图 6-22。由于仅使用纸和笔,因而无须专门知识即可轻松创建和丢弃。在思考 UI 设计时,重现、模拟用户的行为,并进行评价。其特色是通过有意地降低视觉产品的抽象度,可以专注并评估目标产品更本质的功能。

纸制原型不需要写代码就可以实现,在可穿戴设备和 DApps 的再设计中,无论项目规模大小,每个成员的责任领域是什么,都能有效地实现,比传统的产品开发更有效。

图 6-22 手工制作促进了团队的交流

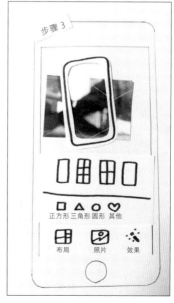

DApps（分散式应用程序）

Decentralized Applications 的缩写，表示"分散式应用程序"，指非中心化应用程序，例如区块链。

订阅

客户根据商品和服务的使用期限付费的一种商业模式。

下一代原型工具的利用

最近，专门开发原型的工具（例如 Adobe XD 和 Prott）有了新的发展 图 6-23。通过添加动态过渡、接触点和交互来轻松创建，并在实际设备上进行测试，可以创建高度真实的细节，例如动画。

即使是非开发人员也可以在不登录和管理 UI 版本的情况下提供评论反馈，因此它不仅可以用作设计工作工具，还可以用作开发站点上的通信工具和协作工具。从开发的初始阶段开始，它对于快速进行 UX 测试就十分有用，因此，如果你可以负担**订阅**的开发成本，就建议你使用它。根据用途和用法使用该工具，可以获得与开发阶段相匹配的反馈。

图 6-23 加速下一代工具的开发

Adobe XD	https://www.adobe.com/jp/products/xd.html
Prott	https://prottapp.com/ja/
Figma	https://figma.com/
Invision	https://invisionapp.com/
Origami Studio	https://origami.design/
Sketch	https://sketchapp.com/

6-4 体验性原型设计的实践方法

不要听取太多的用户意见

"我希望有这样的功能",从一开始,用户就一直在提出他们希望拥有的具体功能和特性。通过审查用户反馈,你可能最终会得到一个梦想中的产品,其功能和规格超过你最初战术方案中的预期 图6-24。但它只是一个理想产品,预期与现实之间的鸿沟会带来很大的成本,要做的不是捕获所有用户的声音,而是<u>测试体验并追求本质功能</u>。

通常,所谓的产品 MVP(MinimumViable Product)是为客户提供有价值的最小化可行产品,但实际上,许多项目已经实现了这一目标,但未能达到发布服务的程度,最终以失败告终。它不是使用 InVision 或 XD 创建的体验性原型,也不是基于实现代码的 α 版本和 β 版本测试的简单可操作性,这是因为诸如负载测试之类的技术测试过程通常会延迟。

在原型设计阶段进行跨功能的对话以及设计工具领域的封闭式对话,能及早发现问题,是原型设计中的关键。

图 6-24 越野规格的敞篷货车

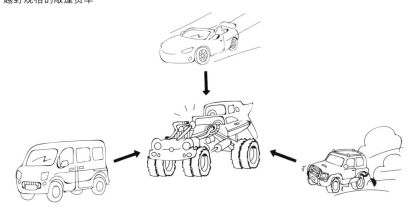

一种象征性的表达,嘲笑了过于倾听用户声音的设计师往往会犯的错误。
来源:Alan Cooper 的《About Face3 交互设计精髓》(ASCII Media Works,2008 年)

MVP(Minimum Viable Product/ 最低可行产品)

可以为客户和用户提供有价值的最小化可行产品。或使用它来接近用户并进行改进。原型只是试验品，而 MVP 是成品。

原型的一些风险

原型设计是一种验证工具，而不是最终产品。在降低抽象度并逐渐提高保真度的过程中，随着讨论的进行，有可能与最初方案有很大的出入。项目成员是设计师、工程师和计划人员的综合体，原型是他们交流的核心。对于不同评估观点，在重复进行用户体验测试的同时，始终牢记本文开头战略原型所定义的轴心，力求"达到目的"和"易于使用"。

另外，如果仅仅因为工具很好就过于依赖体验性原型，则可能会导致"战术缺陷"或推迟测试。提高保真度可以很容易获得批准，但是随着体验性原型与成品的距离越来越近，往往会过于关注无用的组件。导致最终满足要求的产品发布时进行的测试会被推迟，并带来很大的风险。所以一定要在战术原型和体验性原型之间取得一定的平衡 图 6-25。

图 6-25 共享开发"测试"的含义

偏向体验性原型的反模式

初期设计	原型设计（仅体验型）	测试	开发（最终成果）
	由于忠实度较高，很容易得到利益相关者的认可，但是可能会过于注重"未完成的事物"。	即使发现了严重的风险，也无法从容地应对并将其消除。	

根据战术型/体验性原型设计进行的强力开发

初期设计	战术型/体验性原型设计	测试	开发（最终成果）
	即使预想的方案出现了某些问题，也可以及时进行补救。	可以从容地进行 UX 测试及负荷测试。	

6-5

尝试设计用户测试

根据用户测试的结果,可能会从根本上重新审查方案。让我们看一下早期进行用户测试的要点。

各种用户测试方法和过程

说起"用户测试",根据要达到的目标和要验证的目标,方法和过程也各不相同。在进行用户测试之前,重要的是协调团队内部的目的和验证内容。

在这里,我们将在主要进行服务和产品开发的前提下查看用户测试,以便通过用户(受试者)获得可用性和体验价值的评估 图6-26。

受试者更关注质量而非数量

根据"帕累托定律",80%来自20%。它是众多经验法则理论中的一种,原理是"让我们关注带来80%价值的20%要素"。对于小型、快速的项目而言,采用大量的问卷收集统计并进行详细分析是不可行的。

图6-26 最终由用户决定使用方法和使用场景

帕累托定律

经济学家威尔弗雷德·帕累托（Wilfred Pareto）发现的定律。也称为"二八定律"或"20/80定律"。他认为构成事物的大多数要素（例如经济活动）仅由约20%的要素操纵着局面。

在尊重常规用户测试基础的同时，拒绝浪费，则可以低成本收集高质量的判断材料，并且可以在有限的时间内进行多次测试。

另外，通过与团队合作进行用户测试，可以二次学习用户测试的要点和技巧，并在此过程中提高工作效率。

用户测试中要记住的要点

在用户测试中，如4-11（参见第87页）中所述，当用户执行某项任务时，我们会观察他们，但我们往往会被从他们的言行中收集到的大量信息所迷惑。

此时，与其模糊地观察用户的行为，不如将注意力集中在可用性测试评估点上 图6-27。

如果你过多地关注对用户没有深远意义的操作和行为，可能会忽略那些更严重的问题。

图6-27 可用性测试评估点

①用户能够自己完成任务吗？	如果无法完成，则说明服务或产品存在问题。"目的"尚未实现，或者用户体验不完整。
②用户是否正在执行不必要的操作或感到迷茫？	即使用户可以自己完成任务，但是否在途中迷路或偏离预期的动线甚至会绕道而行？
③是否对服务或产品不满意？	即使已经完成了①②，如果在操作过程中感到不便和不愉快，满意度也会有问题。即使用户不直接表达不满，也可能会显露出不满的表情和态度。

参考文章："Onsearch"网页用户测试、排名
"高速用户测试实践讲座 第二期 '用户测试原理'"
http://www.usertest-onsearch.com/knowledgelist/knowledge-357/

6-5 尝试设计用户测试

从"必要而充分"的小规模开始

没有设备完善的房间、专业设备和专业的采访人员,就无法进行用户测试。

更重要的是,应该<u>以小规模进行测试并反复验证</u>。这样,可以逐渐完成服务和产品,无须立即进行大规模的用户测试。当你在团队成员中分配和重复用户测试时,你对用户测试本身的熟练程度会越来越高。

让所有团队成员都参与用户测试,而不是将资金用于专业工具和服务或准备严格的手册,这样可以减少文档创建过程中的工作量,从开发角度来看还可以分析问题。

只要保留了基本要点,即使不是专家,也可以在必要和足够的环境和规模下进行用户测试。

如今,外围技术的发展和市场的变化对服务和产品的发展产生了很大的影响。在敏捷开发中,需要重复1~4周的短期开发迭代,因此可以相对灵活地响应这种演变和变化,但是在瀑布式开发中,实际上会出现不一致的情况。

由于这种趋势,在传统的用户测试过程中要花费很长的时间并以精细分布的方式执行,而不是在一次测试中耗费大量的资源。<u>但需要注意的是,让用户测试轻量化只是手段的替代,并不意味着"降低质量"</u>。

利用团队成员作为受试者

将身边熟悉的人(例如团队成员、自己的熟人和属于同一组织的同事)作为用户测试的参与者也十分有效。

这使得在<u>测试人员和受试者之间建立信任关系变得更加容易</u>。如果首次使用的用户是受试者,则必须从共享测试先决条件开始,这将需要一些时间来建立信任关系。

> **迭代**
>
> 表示"重复""反复"。指在系统开发的敏捷开发模型中,在短时间内重复进行小单元测试——验证的过程。

在这方面,如果对方是你的同事,你可以省略签订合同,避免合规性的麻烦。此外,还可以在公司中找到新的合作者,并获得专业反馈,以提高服务和产品的质量,请一定要利用这些资源 图 6-28。

获得一个新的视角

在使用来自同一组织的人员作为测试对象的情况下,当测试对象具有丰富的用户测试经验,并且不参与待测服务或产品的项目时,我们往往会得到有用的验证结果。因为他们<u>没有关于服务或产品的特殊"感觉"或先入为主的看法,所以会提供坦率的反馈</u>。

总而言之,一个好的用户测试的结果应该充满了新的"观点",可以帮助你获得新的视角。

图 6-28 由于形成了信赖关系,得到的信息质量也不同

6-5 尝试设计用户测试

用户测试反模式

如我们所见，更轻量化的用户测试为优化服务和产品的质量做出重要贡献。另一方面，当没有经验或只有少量用户测试经验时，往往会陷入许多"陷阱"，图 6-29 是一些典型示例。

虽然有各种各样的**反模式**，但是没有人能从一开始就进行完美的测试。通过轻量级实施和数量管理，准确性将有所提高，并且可以发现更多问题。重复的用户测试应有助于团队收集材料并做出"果断的决定"。

专家评审

在 4-16（参见第 96 页）中也对专家评审进行了说明，这种优化方法让专家从用户的角度进行验证，特别是针对那些被反馈"难以使用"的组件 图 6-30。有的服务或产品的成品是完成后验证的，有的则是在成品完成前的阶段进行验证。

图 6-29 用户测试的"陷阱"

①产品完成后进行测试	很多设计师和开发人员往往都会因为开发进度而耽误测试的时间。无论是纸质原型还是交互式原型，其实都可以预先完成，但是除非你在场景可以还原的状态下对其进行测试，否则这实际上是没有意义的。
②对远离目标属性的人员进行测试	客观性和可操作性是相似的，但评价的项目应该不同。预期角色中可能有多个用户属性，但是如果目标和思路不同，即使被试者可以做同样的事情，拥有同样的知识，能力差异很小，验证结果也完全没有意义。理想的主体是在满足前提条件的同时，能够出现许多例外，满足开发者的测试客观性需求。
③询问用户	在用户测试期间，不要问用户"你认为哪里有问题"或"我应该如何改进"。用户既不是产品的高级设计师也不是产品的负责人。这样一来，本应是发现质量改进的地方，却可能变成发表演讲的地方，参会者可能会产生先入为主的想法。

反模式

在软件开发中一些容易陷入的不良"陷阱"。

无论如何,他们每个人都有很高的专业性,可以提取使用中的问题,而不局限于使用的方便程度。

由于评审对象是某一领域的专家,所以可以同时给出如何解决每个易用性问题的建议。如果对方指出一个问题,而你又了解这个问题的根本原因,那么解决的办法往往是显而易见的。如果没有,建议进一步调查以便得到更好的建议和意见。

同样,如果可以与这些专家建立良好的信任关系,则会有更多的方式来汲取有用的知识,例如,获得某专家积累的现成示例。与专家建立起长期可靠的关系可以<u>说是通过持续的用户测试获得的宝贵资产</u>。

图6-30 从专家评审中获得知识

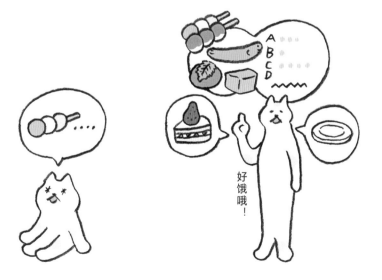

专栏

使用什么工具都可行?

多样化的设计工具

每一天都会诞生各种各样的工具和便捷的服务。说到编辑设计和网页设计工作中的设计工具,也许有人会说只要能够使用 Photoshop 和 Illustrator 等 Adobe 产品,那么就可以安心地开始设计师的工作。近年来,不仅在业务开发和客户工作领域,设计师与客户之间以及开发团队与设计师之间的沟通方式也发生了巨大变化。

原型设计工具和协作工具在 UI 设计中特别受关注。相似但又具有不同特点的工具(例如 Sketch、Figma 和 InVision)将不断更新。

当然,掌握这些工具会提高工作效率,但是学习成本和运行成本也会增加,并且你可能会听到这样的声音:"对于设计工作而言,它是否太昂贵了?"

设计师的生存工具箱

在本章中,我们介绍了原型设计方法、用户测试以及其他与主体和开发人员互动的方式。这些,其实都是可以用纸和笔来完成的事情。

例如,在第 142 页介绍的"体验性原型设计"的情况,人们会被真正的动作所吸引。评价者如果在可操作的状态下看到一个高分辨率、有吸引力的设计,就会误认为对可交付产品的反馈更加理想,而忘记了对产品功能的质疑或对接触点的需求。在实际安装和发布代码之前才发现错误则为时已晚。

工具会不断多样化,功能也会越来越强大,但是否要全部使用这些工具,并跟上最新的潮流?现在是质疑沟通质量的时候了,不要过度依赖数字工具的便利性,而要利用符合自己目的的现有工具和模拟工具,通过工具提高协作的价值。

索引

字母

● B
报废和建造 ... 37
便利化 ... 29
便于使用 ... 82,135
滨口秀司 ... 57
组件 ... 114

● C
测试 ... 147
产品视角 ... 136
产品经理 ... 33

● D
达成共识 ... 18
调查 ... 45
迭代 ... 150
订阅 ... 145
定量数据 ... 15
定性数据 ... 15
洞察 ... 6,28

● F
反馈 ... 10,151
反馈周期 ... 142
访谈 ... 45
分辨率 ... 28
服务经验 ... 39,85
服务蓝图 ... 81
服务平台 ... 125
服务优化 ... 2,14

● G
概念 ... 22

功能模式 ... 106
功能要求 ... 30
故事板 ... 141
故事视角 ... 136

● H
黑屋 ... 18
互动 ... 109

● J
假设 ... 6,9,47,85
见面会 ... 94
交互 ... 57
交流 ... 24
角色 ... 3,137
接触点 ... 125
进展 ... 61

● K
凯西·塞拉（Cathy Sierra） ... 143
可行性 ... 9
可视化 ... 18
可用性测试 ... 133
客户跟踪 ... 137
框架 ... 13

● L
拦截队访谈 ... 90
利益相关者 ... 55
领域知识 ... 29,69
流程 ... 125
逻辑 ... 50

● M
满意程度 ... 82,127
敏捷型 ... 127

155

模式库	23,117	设计原型	58
模式语言	105,121	生态系统	103
模型	59	时尚指南	23,38,100
目标	61,118	使用	22,34
		使用阶段	131
● P		示例分析	94
帕累托定律	149	视觉设计	30,33
偏差	21	视角	126
品牌资产	101	属性分析	47
平行轨道法	128	双钻石	19
评论	33	思考对话法	87
屏幕规格	30		
屏幕设计	33	● T	
瀑布	113	体验原型	136,142,147
		通讯工具	24
● Q		通用语言	100,111
前田	105	团队	14,16,55,60
情景	139,146	团队建设	17
情境	86		
情境原型	58	● W	
情况	56	网站地图	35
● R		● X	
人种学	67	系统要求	29
认知模式	106	线条框架	59,142
认知偏差	49	效用	9
任务	8,47,118	行为观察	45
		信息共享	25
● S		信息设计	32,69
商业计划	69	需求	16
设计	28	需求定义	33
设计技巧	31		
设计理念	23	● Y	
设计流程	5,19	业务架构师	125
设计模式	38,105	业务开发	13
设计系统	22,100	一致性	22,109,120

易用性	39,47,132
影子跟随	92
用户测试	31,53,82,148,152
用户访谈	16,70
用户建模	69
用户角度	6,135
用户界面	120
用户旅程图	3,34,81,140
用户体验	4,54,130
用户研究	66
用户至上	6
优化	111
语境	7
语言化	85
语用角色	138
原型（原型设计）	20,36,52,59,147
原型工具（原型设计工具）	21,24
原因分析	85

• Z

战术原型	136,147
招募	72
知识	113
纸样（纸张原型）	142,144
终端用户	55
专家评审	96,133,152
组件	39,117

参考文献

02

- 《IA思维网络制作人代表的IA思维艺术》山本贵史著/作品公司/2011年
- 《从今天开始的信息设计：制作感测的7个步骤》艾比·科伯特著，长谷川敦士监译 安藤幸央译/BNN新社/2015年
- 《WEB+DB PRESS Vol, 107》技术评论社/2018年
- 《设计师要懂沟通术》Tom Greever著坂田一伦监译、武舍广幸、武舍鲁米译/奥赖利·日本/2016年
- 《交互设计指南》Dan Saffer著，社会媒体株式会社监译，吉冈伊祖米译/我的导航出版社/2008年
- 《设计文章摘要》（https://note.mu/notemag/m/m57787022cedc）

04

- 《UX设计教科书》安藤昌也著/丸善出版/2016年
- 《从可用性评估到开始为Web创建者进行UX设计的用户旅程地图》玉饲真一、村上龙介、佐藤哲、太田文明、常盘　晋作，IMJ株式会社/翔泳社/2016年
- 《可用性工程体验的调查、设计和评估方法（第二版）》樽本徹也著/欧姆社/2014年
- 《UX研究工具箱创新的定性研究与分析》樽本徹也著/欧姆社/2018年
- 《开始用户访谈"UX研究的倾听"入门》史蒂夫·波奇加尔著安藤贵子译/BNN新社/2017年
- 《探索日常隐藏的巨大商业机会，满足无声的需求》扬·奇查斯、西蒙·斯坦哈德、福田笃人译/英治出版社/2014年

05

- 《模式语言—环境设计方法》克里斯托弗·阿莱格赞德著，平田轮那译/鹿岛出版社/1984年
- 《Design Systems数字产品设计系统实践指南》由艾拉·克曼迪瓦著，藤井伸哉译/伯恩数字/2018年
- 《情感设计—引人一笑》唐纳德 A.诺曼著，冈本明、安村通晃、伊賀聡一郎、上野品子译/新曜社/2014年

06

- 《IA/UX Bractis移动信息架构与UX设计》坂本贵史/伯恩数字/2016年
- 《敏捷可用性—DIY测试用户体验》樽本徹也著/欧姆社/2012年

作者简介

荣前田胜太郎
01～03

曾就职于视频制作公司和网络制作公司，于2002年成为一名自由导演兼独立董事，于2005年成立了Rhythmtype有限公司。在BtoB网站的规划、建设和运营方面取得了许多成就。目前，他致力于创建一个对话论坛，主要涉及网页服务发展和团队建设。

河西纪明
05～06

GK DMM.com设计策略师、UI/UX设计师。他的职业生涯是从一家信息出版商的服务设计师开始的，在从事现职之前，他曾是一名自由职业的网络开发人员和顾问。他参与了数字商务业务的发展和开发团队的组建，是一位从商业设计到技术实践都很擅长的实用设计师。

西田阳子
02～04

Quipper Limited的UI/UX设计师。在越南一家网络制作公司负责海外发展方向、项目管理以及医疗和育儿服务的UI设计。目前从事教育服务的UI设计，同时致力于学校教育站点和海外项目的用户研究。副业是支持IA/UI的改良。